四极探险

U0345104

南极探险

NANJI TANXIAN

张文敬 ◆ 著

希望出版社

四极探险

目录
NANJI TANXIAN

楔　子

XIEZI

　　大学毕业后几经周折，我被分配到中国科学院兰州冰川冻土研究所，开始从事现代冰川与环境研究。在几十年的冰川科学考察研究中，我逐渐认识到自然地理专业的博大精深；在与大自然的亲密接触过程中，我也感到无穷的乐趣，虽然很辛苦，但是苦中有乐。在自然地理专业大方向的引导下，我走遍了祖国大地，尤其是我国西部高山、高原、大江大河之源，以及海拔五六千米以上的冰川无人区。

　　在别人眼里，去冰川无人区探险考察，危机四伏，无异于和死神打交道，也许早上出发后便再也回不来了。或者说从事冰川考察的人就是一种不会飞的候鸟，春天上山，秋天回城。冰川工作者是没有夏天的人。可不是嘛，当别人扇不离手、凉茶凉椅的时候，我们却要身穿厚厚的鸭绒服工作在滴水成冰的雪原上。

　　冰川专业，是一个专门研究"冷"的冷门学科。

　　不过，我对自己的专业却有一种再平常不过的解读。那就是去千里万里之外的科学探险考察，不管是三个月、五个月还是半年，就如同去办公室上班一样，上完班就下班，下了班再回家，只不过上班的时间稍微长了些。长此以往，家里人也习以为常。

　　然而，当听说我将要去南极，家人和朋友们着实为我高兴、担心了好些日子。当护照等准备到位后，大家又归于平静——不就是距离远一些嘛！最大的区别是去南极要坐船，要经过太平洋、印度洋、南大洋，也许还要经过大西洋，在大海上漂泊好几个月，不知是啥滋味。我的第一反应觉得可能比去青藏高原舒适一些，因为不会太缺氧，不会有强烈的高原反应。

由于众所周知的原因，在 20 世纪六七十年代，要想去极地考察比登月球还难。可是在改革开放之后，这个梦想终于变成了现实。

"上天、下海、去南极"，曾经是我国科学工作者执着追求的目标。去极地科学考察，更是地学工作者梦寐以求的目标。

20 世纪 70 年代末，时任兰州冰川冻土研究所冰川室主任的谢自楚教授，以一个科学家的睿智，呈书 1978 年春季在北京召开的全国科学大会，倡议由政府资助并组织南极科学考察。这一建议首先得到当时冰川冻土研究所所长、中国冰川冻土事业创始人、中国"冰川之父"施雅风教授的肯定和支持。作为冰川研究团队的一分子，我倍感兴奋。冥冥之中，我萌发了有一天争取走出国门，到占世界冰雪总量 90% 的南极，实现去南极科学探险和科学研究的梦想。

1980 年，中国人第一次去南极考察的机会终于来到了，但并不是由中国人自己组织的南极科学考察队，而是参加由澳大利亚南极局组织的国际联合考察。参加那次考察的是中国科学院北京地理所的张青松教授和国家海洋局的董兆乾教授，他们都是我国知名的地理学家。

在施雅风先生的积极奔走和支持下，谢自楚以第一位中国冰川学家的身份接替张青松和董兆乾参加了澳大利亚 1981—1982 年度南极凯西站越冬科学研究和考察。

与谢教授一同赴南极工作的，还有从事海洋地球物理专业的颜其德、海洋生物专业的吕培顶和气象专业的卞林根。

南极考察分夏季考察和越冬考察两种。夏季考察是在南极的夏半年，也就是在南极的极昼期进行；而越冬考察则是在当年的春末夏初去，至第二年的春末夏初返回，不仅要在南极度过一个完整的极昼期，还必须在南极度过一个完整的极夜期。在南极越冬，越是纬度高的地带，越是很少见到太阳，甚至在半年之内根本见不到太阳。

我们应该记住他们的名字：谢自楚、张青松、董兆乾、颜其德、吕培顶、卞林根，在20世纪80年代初，他们以自己的专业和学识，以勇敢和智慧开启了中国人赴南极科学考察之先河，他们是值得国人骄傲的勇士。作为南极研究的后来者，我由衷地钦佩他们！

1981年国家南极考察委员会在北京成立。日常事务由国家南极考察委员会办公室负责，办公室设在复兴门附近的国家海洋局。在国家南极考察委员会办公室主任郭琨等人的辛勤工作和精心组织下，在南极半岛建立了长城站（1985年），在东南极的普里兹湾建立了中山站（1989年），并多次派中国科学家去外国南极站或接收外国科学家来中国南极站进行合作交流。到2017年，我国已组织了33次南极科学考察，并取得了多学科、多领域的研究成果，在南极研究领域中获得了应有的发言权。

说到我的南极之行，尤其要感谢施雅风院士和谢自楚教授这两位冰川学的泰斗。1981年初夏时节，受施雅风所长的委托，在谢自楚教授出国期间，我受命负责组织并参与了中国和日本首次合作的天山博格达峰冰川科学考察。中方队长是谢自楚，日方队长为渡边兴亚教授。我被施所长任命为中日联合考察队秘书。

这是日本冰川学家首次来中国，而且是进入中国西部未开放地区进行科学考察研究。这在中国冰川学界的确是一件了不起的大事。

那时我正值青壮年，身体健康，热情高涨，思想活跃，在考察中身先士卒，事事跑在别人前面，以四川人吃苦耐劳的品质为中日科学界高度重视的联合科学考察做了一些分内的工作，比如后勤供应、军方、地方文件的报批，考察车辆的安排，冰川考察区域的选定、日程的安排、营地的建立、资料的搜集，挖雪坑，打冰钻等，事无巨细，我夜以继日地勤勉工作。渡边兴亚对我们卓有成效的友好合作深表谢意，并说他将邀请谢教授、我以及中方相关专家参加日本的冰雪研究合作考察。

天山博格达峰冰川联合考察的成功，为之后中日两国科学家在多领域的合作和交流奠定了十分坚实的基础。

1987 年 2 月，我第一次赴日本参观访问时，渡边兴亚教授高兴地告诉我，他将出任 1987—1988 年度日本第 29 次南极地域观测队队长，邀请我参加考察，并向我详细地介绍了他们的考察计划和日程安排，建议我回国后按两国政府有关南极合作研究达成的相关协议，主动与国家南极考察委员会办公室联系，他将同时向中国国家南极考察委员会办公室和中国科学院兰州冰川冻土研究所发出邀请函，并去信告诉已经接替施雅风先生担任所长的谢自楚教授。

那个年代出国尤其是去南极这样遥远的地方，提交申请、办理护照和签证等等，有许多麻烦的事情要办理。当时通信来往多用信件，现在只需几分钟就可以办妥的事，当时的周期却要一两个星期。在办理出国、赴南极的手续期间，作为双方的科学学术秘书，我正好负责组织中日西昆仑山冰川联合科学考察，多亏了同在兰州冰川冻土研究所工作的大学同学秦大河的帮助，等我从西昆仑山考察归来时，所有的南极考察和出访公文均已经办妥。1987 年秋末冬初我终于得以赴日本参加第 29 次日本南极科学考察，即将成为国际南极人家族中的一员。

南极，我来了

南极，是地球上最后被发现认定的洲际大陆，总面积为 1400 多万平方千米，其中，冰盖大陆面积为 1247 万平方千米，陆缘冰面积 158 万平方千米，岛屿面积 7.6 万平方千米。

1987 年 2 月和 11 月，我一年内受邀两次出访日本，第一次是商谈有关当年中日西昆仑山冰川联合科学考察之事，而 11 月出访的目的则是参加由渡边兴亚教授任队长的日本南极科学考察。作为一名普通的科研人员，我当时的兴奋之情可想而知。

此次赴南极考察的中国科学研究人员，还有中国科学院北京大气物理研究所的曲绍厚。按照《南极条约》规定，我们的身份首先是相关专业的科学家，赴南极从事科学考察和研究；另外还有一项任务，那就是代表中国政府，以观察员的身份参与第 29 次日本南极地域观测科学研究，并参观访问日本在南极的科学研究设施。

11 月 10 日，我们到达日本东京羽田国际机场，时任日本国立极地研究所事业课课长妹尾茂喜先生前来接机，安排我们下榻国立极地研究所专家公寓。

专家公寓的条件比当时我国大部分宾馆的都好，有彩电，有报纸，每天都有服务员更换床单、被褥和浴巾浴衣，宾馆里一尘不染。印象最深的是，被褥和睡衣都是洗净后再浆过一遍。这让我想起小时候母亲为我们浆洗衣服的画面。特别是到了过年时节，浆洗过的衣服穿在身上平展展的，闻起来还有一股面粉的清香味。浆洗衣物在中国有着几千年的传统，至今不少地方还保留有"浆洗路""浆洗街""浆洗巷"之类的地名。可是在我的记忆中，大约从 20 世纪 60 年代开始，我们的被褥、衣服就只洗不浆了。

专家公寓距日本国立极地研究所近在咫尺，我们步行即可过去，只见人员、车辆进进出出，日本朋友正在做南极考察出发前的最后准备工作，显得格外忙碌。

尽管出发前的准备工作十分紧张，但渡边兴亚队长、佐藤夏雄副队长，还有国立极地研究所气象资料系主任川口贞男教授，当天晚上还是安排会见并设宴招待了我们。

渡边兴亚生于 1937 年，正是"七七事变"日本全面侵华的那一年。在晚宴上，渡边兴亚队长自嘲地告诉我们，他的名字虽然带有日本军国主义的色彩，但他却是一个热爱和平、注重中日友谊的科学家。多少年来，渡边教授一直与我、谢自楚教授保持联系，只要涉及科学研究合作、交流的事情，他都竭尽全力地牵线搭桥。中日冰川合作研究一直延续到现在，与渡边兴亚教授所起的作用密不可分。

11 日、12 日我们先后与时任国立极地研究所所长松田达郎教授和下届所长候选人星谷孝男先生见面。13 日晚，还参加了由日本文部省主办的规模宏大的"壮行会"。在壮行会上，我见到了从日本北海道、名古屋等地专程赶来送行的一些日本南极老队员，其中有与我合作过的朋友，包括国际知名冰川水文学家、名古屋水圈研究所所长樋口敬二教授，名古屋大学水圈研究所的上田丰助教授（助教授是一个职称级别），北海道大学理学博士中尾正义先生，以及长冈雪灾研究所的佐藤和秀先生等。川口贞男教授还专门向我们引见了日本文部省大臣中岛原太郎先生，他友好地祝贺我们合作考察成功，并且期待两国今后在多领域科学合作研究方面有更多更好的进展。

此外，我们还参观了日本国立极地研究所的展览大厅、办公室、实验室、资料室和图书馆。我不放过任何学习交流的机会，尽量将当时比我们先进的东西记在心里。

在国立极地研究所的图书馆中，那开合自如的移动式书架让我耳目一新，其以较小的空间可以储藏更多的图书。书架安装的电动滑轮开启自如，读者可以随意进到想要借阅的图书架前。和日本的推拉门一样，日本人针对人多地少的国情，绞尽脑汁地想办法节约空间的精神很值得赞扬和学习。

在参观冰芯实验室和电子计算机室时，进门间都设有高强力吸尘净身装置，据说在几秒钟之内便可将进入者的头发间、衣物上所有易抖落的尘灰一扫而光。日本人做事一丝不苟的精神，在制造高科技设备上表现得很突出。

日本国立极地研究所成立于1973年，隶属于文部省。在文部省下设有南极推进本部。南极推进本部负责每年由国立极地研究所组织的南极科学考察的准备、协调工作。此机构相当于我国隶属于国家海洋局的国家南极考察委员会办公室。我此行的对口业务领导单位正是国家南极考察委员会办公室。我的出国派遣文书、考察补助经费和考察装备等，都是由该办公室负责提供。当时中日友好的氛围很浓，包括南极科学考察的合作。我国国家南极考察委员会办公室和日本国立极地研究所签订协议规定，每年可以互派科学家以各自政府观察员的身份到对方的南极站从事南极科学研究。我和老曲是该协议签订后派出赴日本南极站的第二批科学工作者。第一批也是两人：中国科学院大气物理研究所高登义教授和南极考察委员会办公室科技处工作人员李果工程师。

日本文部省还负责日本南极考察经费开支的预算和结算。那时日本平均每年用于南极科学考察的费用约50亿日元。

1987年11月14日，天气晴朗。上午8点，我们驱车从国立极地研究所来到东京的晴海港码头。

此时，码头上已是鼓乐喧天，人山人海。

一艘巨型豪华极地科学考察破冰船静静地停泊在码头。考察船已整装待发，从橘红色烟筒中冒出一股股淡淡的青烟。在橘红色船体的前方，"5002"（船号）和"しらせ"（船名，"白濑号"）显得格外醒目。

船头船尾、船上船下被彩旗、彩带和彩花装扮得十分漂亮，好似参加隆重庆典的花车。

日本海上自卫队队员肃立在考察船的两旁，我们在众人的注目下信步登上考察船。

作为中国政府派出的观察员、冰川学家，受日本国立极地研究所冰川

停泊在南极的"白濑号5002"

学家、日本第 29 次南极地域观测队队长渡边兴亚教授的邀请，我即将远渡重洋，参加梦寐以求的南极科学考察，此刻我的兴奋心情是难以自抑的。

我们被安排在船上第四层中央专设的外国观察员房间内，房间由卧室、洗衣房和卫生间组成。卧室里安放着两组上下床，两组床对面靠墙并排有四张写字台，写字台上方是置放物品的橱柜，下方是存放文具的抽屉。卧室与洗衣房、卫生间之间由一道推拉门相隔，洗衣房和卫生间中间挂着可以收放的尼龙布帘。

我和老曲睡在靠走廊一侧的木架床上。老曲年纪比我大，他睡下铺，我选择了上铺。对面的下铺留给了美国人爱德华·格鲁博士，他是美国缅因州州立大学地质系教授。格鲁先生将在澳大利亚弗里曼特尔登船与我们会合。

10 点整，码头上欢送的乐曲声再度响起。随着连接码头和船体的金属舷梯的收起，站在甲板上的考察队员们纷纷抛出一卷卷彩色纸带，展开的纸带另一端被码头上欢送的人群接住，考察船缓缓地离开码头，彩色纸带渐渐地被拉直、扯断，一浪高过一浪的道别声、祝福声此起彼伏，盖过了欢送的乐曲声。船上的人、码头上的人都使劲地挥动着手臂，依依不舍。

一阵高亢雄壮的汽笛声响过，我们乘坐的日本南极科学考察船"白濑号 5002"开始加快速度，渐行渐远，直到听不见码头上的欢送声和乐曲声，大家才怀着惜别的心情回到将要生活半年之久的船舱之中。

队长渡边兴亚告诉我，我们此行从东京晴海港出发后，一路南下，沿着西太平洋经过菲律宾东南海面，经过苏拉威西海，通过印度尼西亚的望加锡海峡，进入爪哇海，再穿过巴厘海峡进入印度洋，然后驶向澳大利亚西部的珀斯市弗里曼特港，再向南折向西，大约在南非南端的开普敦向南行驶，进入日本的南极站区域。

去南极科学考察，要是乘船的话，由于地理位置不同和所去南极的区域差别，每个国家都会选择不一样的行进路线。属于东亚岛国的日本，其南极考察队一般会选择途经西太平洋过赤道地区，进入印度洋，然后在澳大利亚西部的珀斯市弗里曼特尔港口稍加停留，再驶入南大洋，一直到南极大陆的南极站。我国自建立长城站以来，尤其是建立中山站后，一般都是经由我国南海海域，经过新加坡，穿过马六甲海峡，进入印度洋，越过赤道，一路向南进入南极考察。

如果去西南极的南极半岛考察，可以乘船直达南极；也可以乘飞机经过迪拜或者法国巴黎，再转阿根廷首都布宜诺斯艾利斯，再到南美洲最南端的阿根廷乌斯怀亚市或者智利首都圣地亚哥，然后乘船或者乘飞机到达南极半岛。智利在南极半岛的智利站建有机场。除了第一次赴南极考察乘

位于长城湾的中国长城站

船外，后来的三次南极之行，我都是先乘飞机，或途经巴黎飞越大西洋到达阿根廷首都布宜诺斯艾利斯，然后转机到达乌斯怀亚，或途经迪拜飞越大西洋到达阿根廷首都布宜诺斯艾利斯，然后转机到达乌斯怀亚，最后乘船抵达南极半岛。

　　到南极考察最方便的是位于南半球的国家。从南非南端到南极的直线距离大约有3800千米；从新西兰到南极的直线距离大约为2000千米；从澳大利亚的塔斯马尼亚岛到南极的直线距离约2500千米；而阿根廷的乌斯怀亚距离南极半岛更是不到1000千米。我国的首都北京距离南极长城站为17502千米，距离中山站为12553千米。

发现最晚的大陆南极洲

地球上有七大洲四大洋。现在看来，这是最基本的地理常识。可是，在 1492 年意大利航海探险家哥伦布发现美洲新大陆之前，当时的亚洲人、欧洲人和非洲人并不知道世界上有几大洲；美洲的原住民印第安人更不知道，在他们之外还有亚洲人、欧洲人、非洲人。即使是欧洲人也是通过马可·波罗的介绍，才知道东方有个神秘的国度叫中国。

15 世纪末，哥伦布发现了南美洲。1519 年，葡萄牙航海家麦哲伦奉西班牙政府之命，从西班牙出发航行，历经大西洋到美洲，后进入太平洋，1521 年麦哲伦虽死于菲律宾，但是他率领的"维多利亚号"还是辗转印度洋，返回西班牙，完成了首次环游地球的伟大壮举，从而证明了地球是圆的。后来又有不少人到达澳大利亚，到达新西兰，到达非洲的南端。但在地球的南端是否还有一块陆地，一直是世人关注的焦点。不少殖民主义者幻想通过哥伦布、麦哲伦式的英雄举动，再创发现新大陆的奇迹。

南极洲的发现历程漫长而艰巨，充满了英雄史诗般的传奇。

最早试图寻找南极洲并进行南极环海探险的，是英国人詹姆斯·库克船长。1772—1775 年间，库克船长一度闯入南纬 71°7' 的海域，距南极大陆只有 150 海里（1 海里 =1852 米）之遥。这位了不起的探险英雄，当时所乘坐的"决心号"探险船，其排水量仅为 462 吨。在浩瀚的南极冰海面前，库克船长乘坐的"决心号"就像一叶扁舟，要想越过那道宽阔的白色障碍，比登天还难，他们只能望冰兴叹！库克船长认定，在那道冰障后面即使存在着一个大陆，那也是一个终年被冰雪覆盖或者是一个没有人烟的不毛之地。库克船长猜对了，遗憾的是他却与发现南极洲的荣誉失之交臂。

不过，库克船长在南大洋不少海岛上发现有大量海豹栖息，这一信息引起了英、法、美、俄等国的垂涎。随后大量的捕猎船云集南大洋，因为海豹的皮毛和脂肪可以为那些殖民成性的国家带来丰厚的经济利益。

捕猎海豹的船只大量拥入，客观上为发现和认定南极洲的存在带来了更多的机会。英国人爱德华·布兰斯菲尔德，曾于1820年1月30日乘船抵达南极半岛。后来英国为了争夺南极的最早发现权，曾将南极半岛命名为"布兰斯菲尔德岛"。

而俄国人宁愿将发现南极的功劳，归于俄国著名航海家别林斯高晋。因为别林斯高晋曾一度率领"和平号"和"东方号"两艘帆船于1820年1月26日越过南极圈，到达南纬69°22'的海面。

1821年1月10日，别林斯高晋再赴大西洋之南，最远行驶到南纬68°57'、西经90°35'的一个岛屿附近，即彼得一世岛。1月17日，他们又发现了另一个南极大岛——亚历山大一世岛，此岛紧靠南极半岛。

可惜的是，尽管南极洲近在咫尺，却因为冰山封堵帆船行进的航道，使这位英勇无比的先行者最终与发现南极洲无缘。

而真正发现南极洲存在的，应该归功于一个叫查尔斯·威尔克斯的美国人。他于1838—1840年在南大洋调查鲸鱼分布情况和寻找南磁极的时候，无意中发现了长达2414千米的海岸线，并声称他发现了南极洲大陆。然而这位美国人也没有能力登上陆地，其原因也是冰海冰山挡住了船只前行的航路。

1841年1月，英国人詹姆斯·罗斯率领"埃里伯斯号"和"特罗尔号"，沿着东经 170° 到达南纬 78° 10' 的地区。罗斯和他的船队发现了罗斯海、罗斯海域上巨大的罗斯冰架（海和冰架也因罗斯而得名），以及南极大陆的维多利亚地和变幻无常的埃里伯斯火山。还是同样的原因，罗斯和同伴未能越过高大巍峨的冰山屏障，自然也未能登上南极大陆。不过，后来的事实证明，詹姆斯·罗斯发现的罗斯冰架和罗斯岛，正是人类到达南极点的最佳路线。

1911 年底至 1912 年初，是一个值得庆贺然而又十分令人惋惜的时节。

1911 年 10 月 19 日，一支由阿蒙森率领的挪威探险队从位于罗斯冰架的鲸湾弗雷姆海姆基地出发，驱使着 52 只爱斯基摩狗拉着雪橇，经过 57 天的长途跋涉，于 1911 年 12 月 14 日成功地到达了地球最南端的南极点，阿蒙森和四个同伴成为人类历史上第一批到达南极极点的人。

几乎与阿蒙森同时，另一支由英国著名的探险家斯科特率领的 32 名队员，驾驶着两部摩托雪橇，带着 33 只爱斯基摩狗和 15 匹西伯利亚矮种马，于 1911 年 11 月 1 日离开罗斯岛基地向南极点进发。

在此之前，斯科特曾到南极考察过。早在 1902 年初他率领"发现号"远洋船到达罗斯海上的罗斯岛，建立了越冬营地。1902 年底到南极内陆考察，最远到达南纬 82° 17' 的区域。

可惜的是，这位探险经验十分丰富的斯科特，在人生最关键的时刻命运多舛。在进军南极点的途中，多次遭遇暴风雪，摩托雪橇损毁抛锚，西伯利亚矮种马因不适应南极冰雪环境而一一病倒，而他又对爱斯基摩狗拉雪橇的能力缺乏信心，致使

早年的南极探险物证——铁锚

前进时日一拖再拖，为了轻装上阵、节约食物以保证成功到达南极点，又不得不让大多数队员返回到罗斯岛基地。当他和四个同伴于 1912 年 1 月 18 日拖着疲惫的身躯到达南极点的时候，发现阿蒙森率领的挪威队已先于他们35 天到达了南极点。受到严重精神打击的斯科特和队友们在返回的路上，受到疾病、严寒和食品难以为继等多重困难的折磨，先是海员埃文斯和陆军上校奥茨相继死去，到了 1912 年 3 月 19 日，斯科特和威尔逊博士、鲍尔斯海军上尉也最终倒在了被寒风刮得东倒西歪的帐篷里，永远地离开了自己钟爱的探险事业。

为了纪念阿蒙森和斯科特这两位杰出的南极考察探险先驱以及那些勇敢的同伴们，在 1957 年开始的国际地球物理年，美国将建立在南极点的科学考察站命名为"阿蒙森—斯科特站"。

早年的南极考察船残骸

早年的南极考察遗物

　　挪威政府还在北极的新奥勒松科学城建立了阿蒙森纪念铜像，后来我去北极科学考察时还两次前往位于北纬 80°附近的新奥勒松科学城，拜谒这位伟大的极地科学探险英雄。

南极国际合作考察

1957 年开始的国际地球物理年，全世界有 67 个国家 8 万多人参加，主要目的是在世界范围内进行有关地球物理方面诸多项目的同步观测，以解开地球物理、地球环境现状、生态景观的演化等诸多科学之谜。这次活动在人类历史上规模空前、史无前例。由于种种原因，当时中国无缘参与。

在观测点极少、观测资料几乎为空白的南极，由于地域广阔，距离遥远，条件恶劣，极需要各国之间的通力合作和科学分工。当时有阿根廷、智利、澳大利亚、新西兰、南非、日本、比利时、法国、挪威、苏联、英国和美国 12 个国家参加，在南极大陆和周围海域设立了 55 个观测点，开始对南极进行天文学、地理学、地质学、生物学、大气物理学、海洋学等多种学科的全面科学考察和定点观测。

作为极地国际合作观测，1957 年国际地球物理年应该是第三次了。

第一次国际极地年，始于一百多年前的 1882—1883 年，当时以北极为重点，在北极地区进行了气象、地磁和极光的观测。为了配合对比，德国派出一个小组远渡重洋来到大西洋南部的南乔治亚岛，进行了相关的越冬观测。

1932—1933 年，又进行了第二次以北极为重心的国际极地年的观测研究。在南极附近，除南乔治亚岛之外，又在克尔克伦岛进行了有关项目的越冬观测。

在第三次国际极地年时，将观测的范围由极地观测扩展到全球范围，因此从 1957 年开始，便将国际极地年正式更名为"国际地球物理年"了。

2007 年，又开展了第四次国际地球物理年，期间有更多国家的科学家参与，进行了全面定位和更大规模的研究、考察，中国科学家也参与其中，中国政府和世界上所有关注南北极以及全球环境变化的国家一道，为改善人类的生存空间做出了应有的贡献。

日本参加了第三次国际地球物理年的建站考察和观测工作。

由于南极是一个被海洋环绕的冰大陆，南极科学考察离不开船舰类的交通运输设施。南极周边海域不仅有大面积的海冰隔离，还有从南极冰盖边缘跌落入海的冰山封堵，因此南极考察更离不开大型的破冰船作为科学研究的后援支持。

为了配合国际地球物理年的国际合作，日本于 1956 年 11 月乘远洋轮船"宗谷号"，行程 14000 千米，抵达南极洲东南极边缘的翁古尔群岛，并于 1957 年 1 月 29 日正式建立昭和站（南纬 69°、东经 39° 35'），又称昭和基地。

翁古尔群岛位于东南极吕佐夫·霍尔姆湾，是距今约 12000 年的冰后期从南极冰盖后退裸露出来的一个基岩群岛。翁古尔群岛分东、西两部分，昭和站建在东翁古尔岛上。翁古尔群岛与南极冰盖以翁古尔海峡（宽 4000 米）相隔，冬季海水表层冰冻，可以直接从基地驱车或步行上南极大陆，夏季海峡冰消雪化，从昭和站去南极大陆多用直升机作为交通工具。

昭和站年平均气温 –10℃，年平均风速达 6.1 米 / 秒，冬季积雪覆盖，夏天基岩裸露，有地衣菌类、苔藓类生长。

1957 年昭和站建立之初，只有三座建筑物，建筑面积 200 平方米。到 1986 年该站的建筑物多达 50 栋，建筑面积已达到 5000 平方米。目前，昭

作者（右）与日本朋友在昭和站

和站建有两台 200 千瓦的柴油发电机组，以保证站内融水、供热、照明等生活、工作、科学实验用电。

"宗谷号"远洋轮船 1956—1957 年担负日本首次南极考察时运气不错，很顺利地抵达昭和站附近的地方，利用封冻的海冰，借助人力和简单的机械，就将人员和物资顺利送达翁古尔群岛。1957 年秋季第二次南极考察时，"宗谷号"却未能靠近翁古尔群岛，"宗谷号"和考察站之间相隔太远，海冰和冰山挡道，海冰上的冰裂隙危机四伏，像张开的血盆大口，随时可能将考察队员和物资吞进南极海洋中。无奈之下，日本考察队请求美国"伯顿号"考察船协助，将第一次驻站的 11 名队员、8 只刚出生的小狗和母狗接到"宗谷号"上。第二次越冬考察被迫中断。

为了避免因海冰造成的困扰，从第三次考察开始，日本南极考察从船上到基地的运输便改为直升机了。

"宗谷号"于 1962 年 1 月退役，接替它的是"富士号 5001"极地破冰考察船。

"富士号"长100米，宽22米，船体高11.8米，满载排水量达8800吨，平均航速达14海里，破冰能力为当海冰厚0.8米时，一小时可前行3海里。船员及科考人员额定数为245人。

"富士号5001"担任了自1965—1983年日本第7次到第24次南极科学考察的运输及后勤支援任务。

由于日本国内经济等方面的原因，自1965—1968年，昭和站关闭了3年。

"富士号5001"在去昭和站的航行中仅有6次靠岸，在远洋航行中也多次发生螺旋桨折断等严重事故，不得不在1983年退役。退役后该船停泊在日本名古屋港口，供游人参观。我在1987年首次赴日访问时，由时任名古屋大学水圈研究所的上田丰助教授陪同参观过该船。"富士号5001"破冰船其实是一艘当年世界上堪称豪华、功能比较齐全的一流极地科学考察船。

接替"富士号5001"的是"白濑号5002"破冰科学考察船。无论在日本造船界还是日本国立极地研究所，一提起当年"白濑号5002"破冰船，日本人无不流露出自豪的神情。

"白濑号5002"破冰科学考察船是为了纪念1910—1912年第一个日本人白濑矗去南极探险考察而命名的。这艘日本第三代极地科学考察船一年一度安全顺利地为日本南极科学考察效力，一直到2009年退役，取代它的是"白濑号5003"极地科学考察破冰船。

"白濑号5002"破冰科学考察船是1981年12月建成下水的。该船无论在规模、航行能力等诸多方面均大大超越了"宗谷号"和"富士号5001"。长度达到134米，宽度为28米，船体高14.5米，船体吃水深度为9.2米，满载排水量达到19000吨。当海冰厚1.5米时，连续破冰航行能力达每小时3海里。船载科考人数为170人。可搭载3架直升机，后甲板还可以提供小型螺旋桨直升机起降停靠。船上可搭载运输货物1000吨，其航行速度和破冰能力相当于"富士号5001"的两倍。

"白濑号5002"担负了自1983年日本第25次以来的历次南极科学考察的远洋航行运输和后援支持的重大任务。"白濑号5002"为当时世界上一流的远洋极地科学考察船。

和日本极地破冰船有一拼，且有过之而无不及的是苏联的极地科学考察破冰船。而苏联的极地考察破冰船都是由芬兰造船厂建造的。

当时仅次于苏联和日本极地破冰考察船的，就是美国的极地破冰考察船了。

中国南极科学考察起步较晚。20世纪80年代中国建立长城站时还没有破冰船，启用的是国产大型远洋观测运输船，即"向阳红10号"中国南极科学考察船。

"向阳红10号"考察船是1976年由上海江南造船厂自行设计建造的第一艘万吨级远洋科学考察船。1984年11月划拨给中国南极科学考察队，用于首次南极科学考察。在建立中国第一个南极站——长城站时，该船立下了汗马功劳。该船长度为156.2米，宽20.6米，吃水深7.75米，排水量为13000吨，船速每小时为20海里，最大续航能力为12000海里，可以抵御12级台风。"向阳红10号"科考船最大的缺陷就是不具备极地科学考察的破冰能力。因此，于1998年8月复归为国家海上远洋航天观测任务船，即后来的"远望4号"航天太空远洋测控船。

目前中国赴南极科学考察远洋船是"雪龙号"。"雪龙号"是从乌克兰进口的一艘万吨级远洋轮，经过初步改装后，于1994年11月正式服务于中国南极科学考察。起初只有一定的抗冰能力，后来经过两次高规格的升级，不仅具有较强的破冰能力，而且跻身于国际先进的大型极地科学考察船行列。

升级改装后的"雪龙号"破冰船，长度为167米，宽22.6米，船体高度13.5米，满载时吃水深度为9米。船体自重11400吨，满载排水量达

21052 吨。"雪龙号"续航能力为 19000 海里，最大航速 17.9 节（1 节即 1 海里）。它的连续破冰速度达到 1.2 米 / 1.5 节（指航行速度为 1.5 节时，连续破冰能力为 1.2 米的厚度）。该船配备有 4 台发动机组，其中主机功率为 13200 千瓦，3 台副机各为 880 千瓦。

"雪龙号"还配备有两架性能非常优良的雪鹰直升机，以便从船上向南极长城站、中山站以及内陆站输送人员和物资。

"雪龙号"可船载科考人员 130 人，可以到包括南北极在内的世界任何海域航行考察。

遗憾的是，我虽然去过四次南极、三次北极，却无缘乘坐"雪龙号"极地科学考察船，只是在阿根廷的乌斯怀亚港曾目睹过它矫健伟岸的英姿。

目前，中国已进入世界造船大国的行列，继成功改装大型航空母舰"辽宁号"之后，又自行建成国产巨型航空母舰。但愿不久的将来，我国科学家可以乘坐国产的世界一流的极地科学考察破冰船。

南极观测站的建立

最早在南极建立科学观测站并进行越冬观测的是德国人。为配合第一次国际极地年，他们于1882—1883年在南极半岛的南乔治亚岛进行了建站观测工作。

自那之后，先后有阿根廷人、智利人、英国人、美国人、俄罗斯人、德国人、瑞典人、法国人、挪威人、澳大利亚人，在南极半岛和南极大陆边缘的基岩岛上建立观测站或越冬考察营地。

1911年12月14日，挪威人阿蒙森等5人首次到达南极点并胜利返回。

1923年，新西兰宣布对南纬60°以南、东经150°—东经180°之间的南极海洋和陆地拥有主权。此后，法国、澳大利亚、挪威、美国、智利、阿根廷等国家先后宣布对南极部分地区拥有主权。日本从1934年开始派出大批海船在南极海附近捕杀能带来巨大经济效益的鲸鱼。

然而，真正在南极建立永久性的科学观测站，并年复一年地派出一批又一批的科学考察人员前往南极观测站度夏、越冬，将南极作为领土占有依据的开端者则是美国政府。

1939—1941年间，美国政府把是否永久居住作为南极主权拥有的依据，并派理查德·伯德在罗斯冰架边缘的开南湾正式建立小亚美利加3号站（即所谓"小美国站"）和斯托宁顿岛东部越冬站，在站点进行连续的科学观测和考察，并在附近区域进行线路调查。由于第二次世界大战的全面爆发，尤其是太平洋战争的爆发才中断了美国人的既定计划。

1943 年英国人在南极半岛建立了 5 个南极站。

第二次世界大战结束后，1946—1947 年，美国人理查德·伯德又在 3 号站附近建立了第 4 号小美国站，伯德曾驾驶飞机两次飞到南极点，并对 60% 的南极沿岸进行了航空摄影测量。

不少国家以为建站可能成为拥有对南极领土权的合法依据，纷纷在南极登陆建站。1947 年先后有英国、智利、阿根廷、澳大利亚在南极多地建站。1947—1948 年间，美国人杰拉德·克托查姆在理查德·伯德航空摄影测量的基础上，利用直升机对南极一些大地基准点实施测量。

为配合基准点的航空测量，美国人潘·龙尼组织了一个民间考察队，和活跃在斯托宁顿岛上的英国队乘坐狗拉雪橇在雪地上旅行调查。龙尼夫人和首席飞行员达林顿夫人双双参加了在南极的越冬体验。这是人类历史上首次有女性在南极大陆上度过漫漫长夜的冬季。

1948—1953 年，法国人不甘落后，不仅对阿德雷地区进行多学科调查，还于 1950 年 1 月建立波托马尔丹站，并对周围地区进行地球物理学、生物学等学科调查研究，该站于 1952 年 1 月 23 日失火被烧毁后，又在贝特雷尔岛重新建站。

1949—1952 年，约·耶恩伯率领挪威、英国和瑞典人组成联合科学考察队，对东南极的毛德皇后地进行考察研究，并在冰架上建立毛德海姆站，进行了连续两年的越冬观测，还进入内陆 500 多千米的冰盖考察，利用人工地震（爆破）法第一次测量获得南极冰盖厚度超过 2000 多米的科学数据。这一数据资料对后来研究南极冰川和对南极冰盖规模的认识至关重要。在此基础上，经过多年的测量分析，目前确定南极冰盖的平均厚度达到 3000 米以上。

1953 年，对于现代南极的国际合作研究具有划时代意义，因为在一次国际学术会议上，决定在 1957—1958 年实施国际地球物理年计划，重点在南极地区进行多点建站，进行长期连续科学观测，同时成立南极研究特别委员会。

为了贯彻和落实 1953 年国际学术会议通过的地球物理年计划，美国、英国、苏联、法国、挪威、澳大利亚、阿根廷、智利、比利时、新西兰、日本、南非 12 个国家开始忙碌起来。

1953—1954 年澳大利亚在东南极的麦克罗伯森地建立了莫森站。

美国也加紧建设小美国 5 号站和麦克默多站，1955 年 12 月 20 日由新西兰向麦克默多站（1956 年建成）进行首次飞行成功，在次年夏季开始向麦克默多站空运物资。

1955—1956 年间，澳大利亚开始在麦夸里岛站（1948 年建站）和莫森站进行同步观测；阿根廷分别在埃斯佩兰萨、欺骗岛等地建立了 8 个站并派出夏季考察队，同时启动观测；智利也派出考察队整顿完善贝尔纳多等 4 个站；英国在福克兰群岛（即马尔维纳斯群岛）等 11 个站进行观测，并扩建哈利湾站，又新建两个站；苏联建立了和平站和绿洲站。1956 年英国建立了沙克尔顿站。1957 年英国后援队在罗斯岛的巴姆海角建立斯科特站，并由一支名叫福克斯的考察队于 1957 年 11 月 24 日从沙克尔顿站出发，于 1958 年 1 月 20 日抵达南极点，在 1958 年 3 月 2 日顺利返回斯科特站；另一支名叫希拉里的后援队也于 1958 年 1 月 5 日抵达南极点。法国则于 1956 年 1 月在阿德雷地附近建立了迪蒙·迪维尔站，同时在南磁极附近建立了夏科站（于 1956 年 12 月—1959 年 1 月使用）。

稍后，挪威在马尔萨皇后海岸建立了挪威站；美国也先后在南极点等地建立了阿蒙森—斯科特站、伯德站、威尔克斯站和埃尔斯沃思站 4 个站；苏联又于 1957 年 12 月在东南极内陆建立了东方站，1958 年 2 月 16 日又建立了苏维埃站。

日本于 1956 年 11 月派出第一次南极地域观测队,乘"宗谷号"远洋船,于 1957 年 1 月 29 日在吕佐夫·霍尔姆湾的翁古尔群岛建立了昭和站,启动有关地球物理、气象、冰雪、地质等专业的科学考察,并留下 11 人和 19 只爱斯基摩狗在昭和站进行首次越冬考察,还派出人员乘日本"海鹰丸号"进行海洋调查。

至此,规模宏大的国际地球物理年南极科学观测考察于 1957 年 7 月 1 日正式启动,于 1958 年 12 月 31 日结束,并在海牙、莫斯科先后召开了第一次、第二次南极科学研究委员会会议。期间,原国际科学联合会决定将国际地球物理年计划延长一年,将延续观测工作称为国际地球合作观测计划,该计划的重点仍放在南极相关的科学考察和台站观测项目中。

连续三年的国际合作研究,除了科学研究取得了重大成果之外,1959 年 12 月 1 日,在美国华盛顿由参加南极首次国际合作研究的 12 个国家还发

早年的南极科考站

起签署了具有历史意义的《南极条约》。

《南极条约》最明确、最关键的两个内容为：一是冻结领土拥有权主张，二是确保国际科学调查自由。该条约于 1961 年 6 月 23 日生效。

目前，《南极条约》成员国共有 43 个国家，其中参加第一次国际地球物理年计划的 12 个国家为缔约国，加上后来加入的波兰、巴西、德国、乌拉圭、中国、印度等 14 个国家，共 26 个国家为协商国。此外，还有 17 个国家为非协商国。

中国在 1983 年 6 月 8 日被批准为《南极条约》协商国。

说到《南极条约》，这里顺便提及一件鲜为人知的事情。2005 年赴南极半岛科学考察期间，高登义教授曾给我讲过一个故事，说是在 20 世纪 70 年代，许多国家将开发的目标瞄准了南极，准备在法国巴黎召开一次开发南极资源的会议，会后将签署一份开发南极的协议。此时，一位名叫古斯都的法国人急了，他坚决反对任何国家、任何个人开发南极。这位著名的法国科学院院士、探险家、环保主义者和企业家古斯都找到法国总统并说服了他。此后，古斯都又找到美国总统和苏联领导人又说服了他们。最后在《南极条约》的基础上增加了一项极为重要的条款，那就是在 50 年之内暂不开发南极。

如今，暂不开发南极的 50 年时间即将到期，希望有更多的古斯都出面，将不开发南极的协议延长至 100 年、200 年、500 年。

老高告诉我，在法国，人们可以不知道总统是谁，但是一定会知道古斯都是谁。

中国于 1985 年在南极半岛北端的乔治王岛上建立了第一个南极站——长城站（南纬 62°13′、西经 58°58′），从此开启了我国南极科学研究的新篇章，后又于 1989 年在东南极普里兹湾的南极冰盖边缘建立了第二个科考站——中山站（南纬 69°22′、东经 76°22′）。

说到我国政府决定、批准建立中山站，这件事情与我还有些渊源。就在参加日本第 29 次南极地域科学考察结束之后，我于 1988 年 5 月 5 日以中国科学院兰州冰川冻土研究所简报的形式写了一篇工作汇报，题目为《南极科学研究是长期战略性工作》。在这篇简报中，我在总结了自己南极科学考察工作后提出："……我们中国科学家应该怎样选择一种更为合理与正确的态度是值得深入研究的。我国的决策部门至少应考虑在最近的将来投入更多的资金，建造包括考察南大洋在内的南极科学考察破冰船和在南极大陆本土选择地点，设置较多的南极考察基地和考察站。总之，要从长期战略的角度更长远地看待南极科学考察事业。"

后来，新华社记者陈惠民以《张文敬建议尽快在南极大陆本土建站》为题写了一篇新华社通讯，被呈送到最高决策层。我的工作对 1989 年中山站的立项建设应该有直接的促进和推动作用，为此，我感到无比自豪。我国自 1984 年派出第一个南极科学考察队，赴南极半岛建立长城站（1985 年建站）并考察南极后，截至目前已派出 33 次南极科学考察队前往东南极、西南极以及南极内陆地区，进行天文、地理、地质、生物、海洋、测绘、大气物理、冰雪等多学科综合科学考察并取得许多成果，在南极国际合作观测研究中举足轻重，影响越来越大。

日本除了在 1956—1957 年为配合国际地球物理年建立的昭和站之外，又于 1970 年由第 11 次队从昭和站出发，深入到内陆 280 千米的瑞穗高原，建立了瑞穗站。在那里进行超高层的气象观测和冰雪观测，其中第 17 次队到第 27 次队均有 4 ～ 5 人在瑞穗站越冬考察。瑞穗站还为日本深入到更南面的内陆考察，包括赴南极点和富士冰穹站的长途奔波提供中转和后援支持。

在 1985 年，由日本第 26 次队在距昭和站西南的索尔隆戴恩山脉附近建立了飞鸟站。该站距昭和站 670 千米，距其北面的新娘湾 140 千米。飞鸟站既是很好的内陆冰雪、气象观测站，又是高空大气物理、南极臭氧变化观测的理想场所，同时也是日本科学家在南极获得陨石标本的重要地方。到目前为止，日本科学家在南极获取的陨石多达 18000 块以上（指保存在日本国立极地研究所的陨石），其中仅 1987—1988 年日本第 29 次队科学家在飞鸟站东南侧的索尔隆戴恩山地就采集了 2400 多块陨石，并将它们命名为"飞鸟陨石"。

南极的第一块陨石是 1912 年由澳大利亚考察队在南极内陆考察时发现的，后来苏联队在 1961 年发现了两块，美国队在 1962 年发现了两块，1964 年又发现了一块。再后来，日本第 10 次队在 1969 年发现了 9 块，第 14 次队又于 1973 年发现了 12 块。日本队这两次发现的陨石都是在南极大和山脉。大和山脉位于南极点的东北侧，与横贯南极山脉遥遥相望。日本科学家在 1974 年第 15 次南极地域调查时，在横贯南极山脉的一角收获最为丰硕，共

飞鸟站附近的索尔隆戴恩山脉是陨石富集地

采集了 663 块陨石，一时间，在国际南极研究中引发了一场激烈的振荡波。除了横贯南极山脉，日本和美国等国的地质学家还成功地在飞鸟站附近的索尔隆戴恩山地发现了陨石的富集地，飞鸟站也成为国际南极陨石回收的基地之一。

南极陨石最大的特点就是在无土壤、无生物污染的环境中保存到现在，非常有利于通过陨石中有机化合物存在与否的重要信息，来判断陨石母体是否有过生命的迹象。正因为如此，科学家在 6 块来自火星的陨石中发现了芳香族碳氢化合物，从而得出火星上曾经存在过生命痕迹的重要结论。

20 世纪 90 年代初，在南极大陆有 4 个内陆站，还有 17 个站建在南极大陆周边的裸岛基岩区。内陆站有美国的极点站阿蒙森—斯科特站、俄罗斯的东方站、日本的瑞穗站和富士冰穹站。到 2016 年，包括中国的长城站、中山站、昆仑站和泰山站，在南极及周边所属的岛屿上共有 20 多个国家建立的 70 多个科学观测站。其中 28 个站建立在南极半岛及其附近的岛屿上，仅仅在南极半岛北端的乔治王岛上就有包括中国（长城站）、智利（两个站）、俄罗斯、巴西、阿根廷、波兰、韩国、乌拉圭和秘鲁共 9 个国家建立的 10 个科学观测站。

富士冰穹站在距昭和站 1000 千米的南纬 77° 19'、海拔 3810 米的地方，是 1995 年建立在南极大陆内部的一个长年观测站，从日本第 36 次队开始，每年有 9 名队员在那里越冬。第 29 次队的越冬队在渡边兴亚队长带领下于 1988 年曾去过那里，为建站和选择冰盖深冰芯钻孔位置进行过考察。

富士冰穹站曾被测出年内最低气温达 –79.7℃。到目前为止，南极最低气温的观测值为 –89.2℃，这是苏联科学家于 1983 年 7 月 22 日在位于南纬 78° 27'、东经 106° 50' 的东方站观测到的，这个人工观测的最低纪录一直保持至今。不过，2013 年 7 月 31 日（正值南极极夜），由 NASA 卫星– 8 测量到位于东南极大陆一处无人考察过的冰脊冰面气温低达 –93℃（非人工观

作者在南乔治亚岛上考察

南乔治亚岛上的企鹅、海豹

测），刷新了由东方站保持了30年的地球表面最低气温的纪录。这一数据也是迄今为止测量到的地球表面最低气温值。南极的最低温数据，再一次给我们一种启示，那就是目前地球气温有些变暖波动不必大惊小怪！

日本科学家于1996年在富士冰穹站成功地钻取了2503米的冰芯，它和苏联用了28年时间在东方站钻取的3623米深的冰芯以及1984年日本在瑞穗站钻取的700米冰芯，相互补充，印证了45万年以来地球气候变化的历史，较好地佐证了地球在第四纪以来存在着三个冰期。

瑞穗站冰芯中氧同位素18的变化曲线，准确地再现了日本1840年前后的天明—天保大饥荒（日本江户时代末期）和1865—1880年明治寒冷期（日本明治中期）的时间段。不过最能反映工业革命后与石油、煤炭消耗急骤增加的硫酸离子和硝酸离子含量变化，在南极冰芯中似乎毫无表现；倒是从北极格陵兰冰盖上钻取的205米深的冰芯中的硫酸离子和硝酸离子，自18世纪末以来呈明显上升趋势。这正好与欧洲是近代工业革命的发源地以及北半球工业污染严重的事实密不可分。

　　科学家将地球形成以来分为若干个地质历史时代，其中最近的 300 万年被称为地球地质历史的第四纪。人类的出现也在第四纪。从岩石学意义上讲，地球表面的松散堆积物都是第四纪以来形成的，包括现代冰川、黄土、江河湖海中的泥沙、砾石等松散沉积都属于第四纪的产物。

　　中国除了长城站和中山站常年有人进行长期连续的南极科学观测外，还在南极内陆先后建起只在夏天有人进驻并进行科学观测的昆仑站（2009年建）和泰山站（2014 年建）。2016 年中国第 33 次南极考察队，在西南极的罗斯海附近选点建设第五个科学考察站。通过第 33 次队的考察测量，在东南极的中山站附近冰盖上将修建中国首个南极机场，同时着手组建中国南极航空队，以便进行更大规模的南极科学考察活动。

疯狂的 45° 和狂暴的 55°

FENGKUANG DE 45° HE KUANGBAO DE 55°

　　这次同行的曲绍厚教授，以前参加过我国西太平洋科学考察。当我们从日本晴海港出发时，他不停地向我讲述乘坐"向阳红 10 号"科学考察船在西太平洋考察时许多队员晕船的经历。我是第一次乘远洋海轮，对他的经验之谈自然洗耳恭听并高度重视。

　　在国内的多次考察中，乘坐汽车的机会多，少数队员最头疼、最难受的是晕车。晕车的人宁肯坐大卡车也不愿"窝"在吉普车内，再说即使真晕车还可以随叫随停，吐了再走。可是晕飞机、晕火车、晕轮船就不行了，尤其是像我们连续几十天甚至几个月的远洋航行，要是晕船那个难受劲简直难以忍受。

　　我以前既不晕飞机，也不晕火车和汽车。几十年的冰川考察，上百次青藏高原以及喜马拉雅山、唐古拉山、昆仑山、天山、祁连山、横断山的考察经历，乘坐汽车走过各种各样危险的山间小道，精神时和同伴们谈笑风生，观看沿途的地貌景观，讨论一路的所见所闻，还不时拿出笔来记录心得感悟；疲倦时睡得死沉死沉的，任你怎么颠簸、摇晃，我自浑然不觉。江轮我也坐过，从西藏林芝到雅鲁藏布江的派镇，从重庆到上海，我都不晕。近海航行，比如从上海到日本的大阪、神户、横滨，我也往返过几次，也未曾有过晕船的现象。但乘坐远洋轮船进行海上长途游历还是第一次，晕不晕船我还真是心中没底。虽然出发前我准备了一包晕船的药片，船上卫生室也有医生，但老曲说那也不管用，尤其到了西风带或者天气不好风浪大的时候，就是铁打的汉子也要吐得翻江倒海、呻吟不止呢。

上船后不久，森永由纪博士通知我们到船上卫生室体检。一位日本随船医生给我体检完之后说，除了牙齿有不少牙垢，其他各项指标都符合南极考察的要求。我曾经有过 12 年抽烟史，在牙齿的根部生成了许多牙垢，做梦老是掉牙。这位医生说那正是牙垢造成的。因为牙齿是活的，牙垢是死的，夜里牙齿细胞要正常生长，而牙垢就会限制牙齿的新陈代谢，于是睡梦中人就会感到不舒服，甚至有掉牙的梦境出现。不到半小时，医生就将牙垢清除得一干二净，我顿时觉得满口轻松。直到现在，我再也没有做过掉牙的噩梦了。

第一天晚上，我是在老曲过度渲染的恐惧气氛中度过的。还好，虽然感到船在行进中，但一夜过去了竟一点晕船的感觉也没有，只是吃早饭的时

南极破冰船乘风破浪

候睁不开眼，一个劲地想睡觉。但老曲还是唠叨个不停，说我们乘坐的船还在近海航行，风浪不大，一旦到了公海风起浪大，准保晕，晕得餐厅的饭都没人去吃……看来这位同行者非把我"整"晕"整"吐不可。

第二天，我们行驶在一望无际的西太平洋海面上，虽然昨晚一夜未曾合眼，但那深邃浩渺、云舒云卷的天空，无边无际、波涛不惊的蓝色大海，还有随船飞翔的海鸟，尤其是远赴南极科学考察的未知旅程，无不令人兴奋。早餐时餐厅里座无虚席，似乎还没有晕船的，至少还没有晕船到卧床不起的。早饭后多数队员都来到甲板上，手举照相机捕捉着海上的各种景致。看来考察队员们的状态还不错。

可是，老曲对我说不是不晕而是时候未到。

到了第三天中午，海面上突然刮起了大风。不过"白濑号5002"科学考察船具有很强的抗风浪能力。尽管同行的气象科学家告诉我们海风已经达到 6～7 级，我们在船上的感觉还比较平稳。船舷外波涛汹涌，白色浪花被涌上浪尖又散落开来，将目力所及的海平面变成一片白色。有经验的航海者都知道，在海上航行无风也有浪，见白三尺浪。只要波浪尖有白色浪花，波峰波谷之间的垂直距离最起码也要达到 1 米高。风力在 6～7 级的情况下，波浪打着波浪，浪花连着浪花，此起彼伏，浪高至少在 4～5 米。虽说船还算平稳，但个别队员已有呕吐不适的现象。老曲也有些反应，我看他已连续进出了好几次洗手间。我此时感觉仍然良好。

中午吃饭的时候，有几位日本队员没有到，饭后定量的大红富士苹果多出十来个，与我同组的森永由纪博士特别关照我，从剩下的苹果中拿了两个送给我，说远洋航行多吃水果可以帮助增强抗风浪、克服晕船的能力。出发时队长渡边兴亚特别交代森永由纪博士，由她负责我的联络和安全事宜。

看来我是不会轻易晕船的，老曲渐渐改变了我一定会晕船的预测，不时竖起大拇指对我说："老弟，还真行！"

但是远程航海绝对不晕船，一点反应没有的人几乎没有。时间一久，人就熟了。一次，我与一位日本海上自卫队的二佐（相当于中校军衔）聊天，他说一旦遇到暴风雨天气，风力达到8级以上，或者到达南纬45°—55°间的西风带，尤其是碰到风向与船体垂直或斜交"侧浪"航行时，像他们这些老水手也会有不舒服的感觉，不过吃点晕船的药就会抗过去的。

地球南北半球盛行一种因地球自转产生的固有的风系，叫作西风气流或西风带。在北半球，因为西风带经过的地方是海陆相间的，因此它的运行轨迹是弯曲蛇行的，部分能量也就消耗到季风气流的生成和发展中。而在南半球，其运行路径为南大洋和太平洋、印度洋、大西洋的结合地带，气流一路由西向东并在南大洋上空旋转不息，致使南纬45°—55°的海面上终年西风不停，波涛汹涌，形成一个海上暴风圈，不少航海者谈之色变，视为畏途，称它为"疯狂的45°和狂暴的55°"。此外，由于南纬45°—55°刚好也是赤道暖流和南极海寒流的交汇复合带，在这条宽达数百千米的复合带上，南来的冷水和冰山不能北进，北来的暖水不能南流。这种海流的复合交织也促进了南纬45°—55°之间风浪的加剧。我默默地祝愿科考船尽快驶离那疯狂的45°—55°复合带，同时我也担心自己会在那个风高浪急的狂暴地带经不住考验。

按传统的地理概念，地球上共有亚洲、欧洲、南美洲、北美洲、非洲、大洋洲和南极洲七大洲；有太平洋、印度洋、大西洋、北冰洋四大洋。但随着南极考察的逐步深入，有学者将南极大陆周边的海域称为南大洋，于是便有了七大洲、五大洋之说。

当船航行到南纬45°的西风带时，正好遇上侧浪航行。这时，我的不适反应出现了。那是考察船驶离澳大利亚珀斯市弗里曼特尔港几天后的事情。据测量，当时的风速达到8～10级，船像醉汉似的，一会儿左倾，一会儿右倒。来不及固定的箱子随着船体的晃动在地板上滑过来滑过去，餐厅里码得很高的食品箱散落了一地，我放在书桌上的一个青瓷龙纹茶杯摔在地板上裂了一条缝，让我心疼了好几天。

在大海上航行，有人只怕"侧浪"，有人只怕"涌浪"。"涌浪"指迎着船前进的方向形成的波浪，我好像对涌浪反应不大。不过，侧浪前进时船体左右摇晃，最易使人晕船。

我是个好奇心强的人，风浪越大，我越想看个究竟，隔着舷窗观看，觉得不过瘾，于是我带着相机，独自一人歪歪倒倒地来到四层前甲板上，只见海浪已经把甲板打湿了，好在甲板有相当的摩擦力，不会让人轻易溜滑。我一边步行一边试图适应船体的倾斜变化，突然一排浪头袭来，跃起的甲板差点将我掀翻在地。我正想抓住船舷护栏，不料船体突然重重的一沉，我被掀到了甲板的另一侧。还好，我很快掌握了甲板前后上下、跃起落下的波动频率和规律，顺势迎着甲板的来回起伏而快步跑动，终于用双手抓住了甲板护栏。只见海面上白浪滔天，混沌一片，分不清哪里是海面，哪里是天空，高高的海浪拍打着船体，咆哮的声音一阵高过一阵，飞溅的浪花扑打在我的身上、脸上，一股股海腥味扑鼻而来，嘴里满是又咸又苦的海水。而穿梭在风口浪尖的信天翁，却是那么矫健、那么无畏、那么勇敢。这时，我深深感到海面上真正的主人并非我们人类，而是与风浪拼搏的海鸟！

在稍稍平缓的间隙，我返回了卧室，在弗里曼特尔港上船的美国地质学家格鲁教授告诫我，像这么大的风浪绝对不能外出，同时用十分赞许的口气说："张先生不愧是考察的老行家，这么大的风浪还没有丝毫的晕船反应。"我看到老曲躺在床上双目紧闭，不时发出轻微的呻吟声。快吃午饭了，我叫他，他不答应。我放下相机，去洗手间脱下被浪花溅湿的衣服，顺便冲了个澡。突然，船身再一次严重倾斜，我打了个趔趄，差点跌倒在马桶上。马桶的下水道与海水相通，我感到一股恶心的海腥味自马桶内蹿上来，顿时，腹内一紧，不由得酸水直冒，我赶紧伏在马桶上一阵呕吐，原来我也晕船了。

好在吐完了，人也轻松了，洗完澡，换好干净的衣服，把沾满海浪渍迹的相机擦拭干净后，我和格鲁教授准时去餐厅午餐，只见偌大的餐厅内稀稀拉拉地坐了十来个人。吃饭时间就要过去了，从盛水果的筐子来看，今天来吃饭的人少之又少。饭后格鲁教授一人怀揣五个大苹果，我带回四个，其中包括老曲的两个，想让他状况稍好点后再吃。

说来奇怪，经历了西风带短暂晕船的考验后，我基本上适应了海上旅行，再也没晕过船。无论后来在北极北冰洋，还是在西南极考察中穿越德雷克海峡，我都泰然自若，表现极佳。不过，我依然坚信，没有晕船呕吐的航行经历绝不能算是真正的大洋旅行。

庄严的赤道庆典

从日本晴海港上船前，天气已经变凉，晚上休息时，一是听了老曲的过度渲染怕晕船，再是担心起床后受凉，我就穿着毛衣毛裤入睡，虽然船内凡是卧室、餐厅和人员活动室都有中央空调，但睡觉时我还是加盖了床毛毯。到了第二天晚上下半夜，我突然感到闷热，浑身燥热，大汗淋漓，心想，莫非感冒了？可是这么多年的野外生活、冰川考察，我真的还没有感冒的纪录呢！

我怕吵醒老曲，蹑手蹑脚地开门走出卧室，将厚重的船舱侧门打开，一股湿热的海风吹过来，好像回到了夏天。哦，原来船一直向南行驶，天气越来越热，自己却穿得那么厚，怎能不浑身冒汗呢？我赶紧回房换上夏天的衣裤重新躺下，顿时有种如释重负的感觉。再看老曲，双手露在毛毯外，睡得正香呢。

次日早餐时，只见渡边队长身穿短裤、短袖，再看别的队员，大部分都换上了夏装。当然也有一些年轻的日本队员穿了好几件衣服，边吃饭边流汗，看来他们的感觉比我还迟钝！

船上唯一的女队员森永由纪博士受渡边队长的安排，带着我们参观了船上的各种考察、科研及后勤保障设施。她专攻冰雪及气候环境，是东京大学的理学博士。此次南极考察我和她同属一个专业组，对她的关照至今还心存感激。

午饭后，在日本海上自卫队员的帮助下，我们参加了穿救生衣、上救生艇的救人和自救的演练，熟悉了出逃路线和启动救生设备的方法，还进行了必要的身体锻炼，并被要求在整个航行中要坚持必要的体能和体质训练。求生演习是任何科学探险考察都必须进行的项目，每个考察队员都必须参加，而且要求每个人都要熟悉各个环节。

除了在甲板上自我锻炼外，船上还备有各种体能训练和健身器械，全天 24 小时开放。

晚餐是船长代表全体船员招待全体科考队员的宴会。宴会时船速有意减慢，餐厅里欢声笑语，船上尉级以上官员轮流向科考队员们敬酒，日本人很讲究官阶级别。作为外国客人，我们被安排与正副队长、船长同桌用餐。

渡边兴亚队长向船长介绍说我是他最好的中国朋友，还特意拿出我送他的一瓶中国酒请大家共饮，同时也拿出他自己带的日本产的威士忌三得利送给我，说在船上有什么困难可直接找他和船长。我和老曲都表示感谢。

考察船仍然一路向南。

第三天，即 11 月 16 日下午 2 时，餐厅的公示栏里有信息说舱外气温已升至近 30℃。我们来到后甲板上，舱外热风拂面，但室内有空调，温度仍保持在 22℃左右。

第四天早上 4 点多，我和老曲相约一起去观看海上日出。

在大洋上观看日出，别有一番风情。

看海上日出我以前也曾经历过，但那是在陆地上观看，这次却置身于茫茫的大洋之中，真有"一片汪洋都不见，知向谁边"的感慨啊！

我们站在左侧船舷边，沐浴在暖暖的晨风中，目不转睛地注视着东方海面。不一会儿，在那海天相接的地方，隐隐约约地泛起一抹黎明前的熹微。我屏住呼吸，等待着那喷薄而出的神圣一刻。

南极日出

5点刚过，只见东方天际晨光熹微，渐渐变成了一片橘红色，随即在海平面上出现了一道道金黄色的斑纹。那金黄色的斑纹旋即被拓展成宽宽的穹带，穹带的上方是天，下方是海。穹带一忽儿向天，一忽儿向海，仿佛有两只无形的大手，一只手似乎要把海面扯向天空，另一只手却要把天际吸入海里。正当天海较劲得难舍难分的时候，那两只无形的手突然松脱，一瞬间，天海分离，天际布满了如火焰一样的彩云，海面上布满了闪闪烁烁的金鳞。在火焰般的彩云和金鳞般的海波簇拥中，纺锤状的朝阳突然升腾变成了浑圆状，继而冉冉升起……

11月17日下午，森永由纪来到我们的房间征求意见，说各个专业组都要排练节目，问我们愿不愿意参加。我还没有表态呢，森永由纪又神秘兮兮地说道："您二位一定要参加啊！"入乡随俗是中华民族的传统美德，参加日本朋友的文体活动，既可以增进彼此的了解，也可以达到锻炼身体的目的，何乐而不为呢？我和老曲表示愿意。我问排练节目有什么目的，森永由纪笑而不答。

我们参加排练的节目是一个日本民间舞蹈，舞蹈的名称叫《安来节》，是一个庆祝丰收的乡村院坝舞，由七男七女共同表演。舞蹈表现的内容是：农夫身背竹箕（类似四川农村用的竹编筲箕）、腰挎鱼篓出了家门，跨过田埂，小心翼翼地向养鱼的稻田走去，想捕捉水田中的鱼。农夫东瞧瞧西望望，终于发现了稻田中的鱼，便挽起衣袖、裤腿下到田中，用双手捉鱼。谁知鱼没捉到，手上、腿上却爬满了蚂蟥。农夫顾不上捉鱼，忙着去逮身上的蚂蟥，逮了半天一条也没逮着。农夫急中生智用手掌去拍，终于拍掉了一条又一条。

农夫拍完了蚂蟥，又继续找鱼、捉鱼。农夫用手抓不住鱼，便改用背上的竹箕在水中捞，终于捞到一条，正往腰间的鱼篓里装，一不小心鱼儿又滑落到水田中……如此这般，从左到右，又从右到左，重复表演了好几次，最后农夫们用手先将田中的鱼围到一处，再用竹箕向水中扣去，终于抓住了鱼，有了不菲的收获。之后在农妇的陪同下，农夫们高高兴兴地回家了。

日本舞蹈看似机械，但注重表演的程式，极像中国的木偶剧，节奏感很强，充满浓郁的生活情趣，具有较高的观赏性。在表演过程中，农夫随着乐曲一招一式，

作者（左）参加赤道庆典表演后

协调一致，农妇的动作、表情也随着舞蹈情节的变化而变化，时而屏息凝神，时而小心翼翼，时而高兴得手舞足蹈，时而后悔得顿足捶胸。整个节目表演下来大约15分钟。扮演农夫的男演员自然好找，扮演农妇的女演员则要男扮女装了。老曲身材高大却被安排扮成农妇，女博士森永由纪则扮成了农夫。我也演农夫，不过我的脸上却被画上了浓浓的日本式胡须。

从船上考察队编辑的《南极新闻》中得知，我们即将进入赤道区了。

越接近赤道越热，海面变得十分平静，就像一匹广阔无垠的丝绸铺在茫茫的天际下，一点浪花也没有。不时有菲律宾、印度尼西亚的飞机盘旋在考察船的上空。甲板上滚烫得即使穿着鞋还感到热不可耐，但气温和水温并不是特别高，11月19日8时测得海水温度为29.20℃，气温为27.6℃。早操时，突然降了一阵雨。雨水滴落在绸缎般的海面上，给人一种梦幻般的感觉，仿佛那不是从空中降到海面上的雨帘，倒像是从海面升到天空中的雨幕。这雨幕和天上的云、海中的水连为一体，考察船仿佛变成了一只水中的潜艇，我们也仿佛变成了水中的浮游生物，与海中的鱼儿一样成了水生大家族中的一员。

南北两极和赤道是十分重要的地理概念，南北两极很少受到来自太阳的照射，是地球上最寒冷的两个区域。赤道则长年受太阳高角度的直接辐射，是地球上最热的区域。地球的南北半球被划分为90°，赤道的纬度为0°，以此向南一直到南极点，为地球的南半球；以此向北一直到北极点，为地球的北半球。纬度越高越寒冷，纬度越低越温暖。赤道地区终年炎热。但如果在赤道上有一座海拔超过3000米的高山，山顶也会下雪。如非洲乞力马扎罗山是地球上最接近赤道的山脉，其高峰海拔5895米，山顶终年积雪不化，还发育着一些长几百米到几千米的现代冰川。所以说极地是"绝对的冷"，而赤道却并非"绝对的热"。

经过一个星期的航行，每个队员都经受了北半球大洋风浪的考验，成为正式的南极考察队员了，于是佐藤夏雄副队长和饭纠先生代表考察队给我们分发了印有"日本第29次南极地域考察"字样和企鹅图案的南极考察标志衣、标志帽、徽章、徽牌和臂章。

11月21日，是一个值得纪念的日子。这天我们完成了苏拉威西海的航行后，进入印度尼西亚北部的望加锡海峡，即将在桑坦和坦布两镇之间的水域穿过赤道进入南半球。

印度尼西亚是一个典型的赤道国家，也是一个名实相符的千岛之国，全国一共有1.75万个岛屿，从西到东绵延5500多千米，其主要的岛屿都位于赤道线上或者分布在赤道区域。

海面仍然很平静，像一位未出阁的处女，安静又温柔，片片如鱼鳞般的涟漪，让人很难想象这是在大海中航行，倒像是划着一叶小舟荡漾在花园中的荷塘里。

早饭后森永由纪通知我们去化妆，说当天将要通过赤道，还要举行过赤道的庆典，庆典之后要表演节目。哦，原来排练节目就是为了参加庆祝考察队穿越赤道的纪念活动！

上午10点30分，通过赤道的典礼正式开始。"白濑号5002"科考船呈南北方向临时抛锚在赤道线附近。典礼台搭在后甲板的舰桥前。台上一人高声宣读祭文，台下一边列队为大航海时代的海员，另一边为一群男女混合站立的欧洲人（均由考察船上的船员来扮演），中间一群土著人手持弓箭、棍棒在台上台下边舞边唱。11点整，考察船正式穿越赤道，我们在渡边兴亚队长的带领下穿过昨天夜里在甲板上搭好的"赤道门"，"进入"南半球。

接下来便是表演节目。因为我们表演的舞蹈是在稻田中捕鱼、捕打蚂蟥，演员不可穿鞋，表演时赤着脚，好在舞台是用木板临时搭建的，上面还铺了一层化纤地毯，要是直接在甲板上表演的话，那还不把脚板烙成"红烧肉"啦!

甲板是钢铁铸成的,上面涂了一层银色的油漆,天上一丝云彩都没有,在太阳的辐射下甲板温度已超过 50℃,一场节目表演下来,浑身早已大汗淋漓。不过演出相当成功,不少日本朋友争相与我合影。事后看照片,我那日本农夫的装扮的确好滑稽。

考察船通过赤道的当地时间是 1987 年 11 月 21 日早晨 4 点 34 分 40 秒。这是当天船上的《南极新闻》报道的。

海豚、飞鱼和海鸟

HAITUN、FEIYU HE HAINIAO

在穿越印度尼西亚的望加锡海峡时，只见东岸一个岛上的原始森林被砍得满目疮痍，山坡上断木横陈，残桩累累。这里的原始森林属于热带雨林。水面上渔帆片片，船上渔民上身赤裸，皮肤呈棕黑色，他们正聚精会神地拉网作业。我们的通行、狂欢，丝毫没有影响他们在海上的劳作。

考察船继续向南行驶。

11月22日下午5点，船只穿过印度尼西亚中南部的巴厘海峡。和望加锡海峡相比，巴厘海峡相当于一个小小的海沟，长度大约相当于前者的1/20，宽度相当于前者的1/10。

巴厘海峡两岸翠绿如染，郁郁葱葱，滨海的建筑错落有致，街道干净整齐，热闹异常。海面上游船如织，游泳的、冲浪的，游客们怡然自得。那些年日本经济增长很快，是亚洲"四小龙"之首。不少日本人赚足了钱，到世界各地度假消费，巴厘岛正是他们避寒度假、冲浪游泳的好去处。

过了巴厘岛，我们就从太平洋进入印度洋了。

在经过望加锡海峡和巴厘海峡之间的爪哇海时，我们发现成群的海豚嬉戏追逐在船的两侧和尾部，久久不肯离去。海豚一会儿潜入水下，一会儿跃出水面，仿佛在给我们送行。这些海豚一直跟着我们的考察船游了好几个小时，才依依不舍地离船而去。都说海豚是人类的好朋友，这话不假，许多海洋馆里海豚们的精彩表演，都表现出它们和人类的亲近感。也有人说，如果有人落水，正好有海豚在附近活动，海豚会主动游过来顶托落水者，直至将落水者带到安全的地方。不过据我观察，包括海豚在内的海洋动物之所以都有随船跟进的行为，大约与船上食物的香味以及排入海水中的排泄物有关。

海豚是一种生活在海洋中的脊椎哺乳动物。海豚身体呈纺锤状，体长一般 3 米，最长者可达 6 米。上下颚都有十分尖利的牙齿，主食鱼虾。除腹部为白色外，身体其余部分均呈蓝黑色。海豚十分聪明，适合人工驯养。

就在海豚随船游动的同时，我们还发现在稍远的海面上，一群一群的飞鱼正竞相表演飞跃的特技。这些飞鱼个头不大，通过望远镜看到的飞鱼体长多在 20 ～ 35 厘米，鳞甲呈银灰色。它们突然从水中跃出，每次飞行的距离竟然可达到几十米甚至上百米之远，降落时鱼尾只需在浪峰上轻轻一点，旋即又像离弦的箭向前飞去。要不是同行的鱼类学专家告诉我那是飞鱼，我还以为那是一群生活在附近海岛上的飞鸟呢。

飞鱼是生活在太平洋、印度洋、大西洋以及地中海的一种飞鱼科鱼类动物，从赤道到我国南海一带海域中常常可以见到它们那异常矫健的身姿。飞鱼最大的体长不过 50 厘米，我在赤道附近看到的飞鱼多为 30 厘米。据说飞鱼最远一次飞行距离可达 400 米！飞鱼有一对胸鳍、一对腹鳍，还有呈燕尾状的尾鳍。胸鳍宽而长，相当于体长的四分之三。尾鳍厚而有力，是飞鱼能够高速飞离水面并且得以前行的"助推器"。同行的鱼类学专家还告诉我，飞鱼并非有真正的飞翔能力，而是在遇到鲨鱼、金枪鱼和剑鱼等天敌攻击时，为了求生，先是快速游动，随即借助尾鳍的拍打突然跃出水面，同时展开宽大的胸鳍和腹鳍，以每小时 15 千米的速度在高出海面几米的地方向前滑翔。如果确认天敌已经离去，飞鱼们就会重新回到海洋中；如果危险依然存在，它们就会借助尾鳍在海面上用力点击以获取新的动力，再次向前滑翔。不过，即使水里的危机暂时解除了，飞鱼在滑翔时还可能遇到军舰鸟的袭击，成为这种猛禽的口中美味。

在这次漫长的远洋航行中，除了海豚、飞鱼，我们还观测到许多种类的海鸟。

从东京出发后，考察船行进在西太平洋海面上，常常可见一些种类不同的信天翁翱翔在海面上，它们一会儿斜插海面，一会儿直上云霄，体态矫健、动作轻盈，飞行技巧娴熟，羽毛色泽非常美丽。借来船上阅览室的《鸟类图鉴》翻看，发现其中两种最为常见而且个头较大、飞行表演最吸引我们的叫短尾信天翁和黑脚信天翁。短尾信天翁体长均在80厘米以上，全身呈白色，头顶、后颈部略呈橙黄色，翅膀、肩部及尾部稍带灰褐色。黑脚信天翁体长比短尾信天翁稍短一点，有70多厘米长，除了嘴角周围、眼睛下部和颈部呈灰白色之外，身体其他部位的羽毛都呈黑色，它们飞翔的时候展翅宽可达到2.5～3米。短尾信天翁和黑脚信天翁长年栖息在北太平洋和西太平洋一带的岛屿上，在我国的台湾海峡也有分布。短尾信天翁是我国一级保护动物，也是被世界自然保护联盟列为濒危物种的鸟类。黑脚信天翁被我国林业部列为《国家保护的有益的或者有重要经济、科学研究价值的陆生野生动物名录》。黑脚信天翁和短尾信天翁的寿命可以达到40～60岁，堪称鸟类中的寿星。

对海鸟的进一步观察和了解则是到了南半球，尤其是过了澳大利亚弗里曼特尔港之后的事。

同室的格鲁教授十分喜欢观察海鸟。这位美国缅因州州立大学地质系的美国朋友，身高1.85米，人很厚道、直率，有时候还有些固执，但对人却十分友善。他是从美国直接飞到澳大利亚，在那里和我们汇合，一同参加日本第29次南极地域科学考察的美国"客人"，我们同住一室。

格鲁教授是个十分勤勉的人。他和我一样喜欢记日记，每天还抽出时间学日语。20世纪80年代，我们这一代人都有恶补外语的意识。在出国前三个月的短期英语培训中，我晚上还抽空去成都锦江宾馆附近的"英语角"，和外国友人以及英语好的中国人交流对话，以提高外语口语能力。记得当时在英语角有一名四川大学外语系研究生，她鼓励我学外语首先要大胆地开口讲，讲得多了，流利了，什么语言都会过关的。我的英语是自学的，以前在中学、大学学的是俄语。格鲁先生的入住加盟，我心想这下好了，有一位美国室友彼此交流，我可以尽快学到更多地道的美国味英语了。我尽量用英语和他交谈，以提高我的英语听说及应对能力，但这个倔强的美国人却很少和我讲英语，不理会我要用英语和他对话，而固执地通过一本英日中三语字典，不厌其烦地问我日文中汉字（片假名）的意思。可是他又往往用中文意思去硬套日文，不免闹出一些文不对题的笑话来。一次，他在文中见到"三上春夫"四个字，便一个字一个字地查字典，查了半天也不知道"春天的男人"（即春夫）为何一定要"三上"，于是问我，我告诉他这是一个日本人的名字，"三上"是姓，"春夫"是名，他这才恍然大悟。

每天吃完饭，格鲁教授一定要顺着船上的舷梯从底层爬到船舰的最高层，上上下下，不停地攀登，直到浑身发热。这是他最喜欢的船上体能锻炼方式。爬完舷梯后，格鲁教授独自来到甲板上，举着望远镜，对着海空，盯着各种海鸟，一观察就是两三个小时。

和格鲁教授谈海鸟的时候，也是我学习英语的最佳时刻。从他那里，我掌握了不少南半球尤其是南极周围南大洋海鸟的知识。

除企鹅外，南大洋的鸟类有100余种。不过到20世纪90年代为止，南纬55°以南海域出现的并且能定种的仅有7科32种。不妨摘录于此，供鸟类爱好者阅读。当然，将来的科学考察和研究，也许还会发现更多的鸟类种群。

南极鸟类列表

英文名	中文名
PENGUINS: 企鹅	
Emperor Penguin	帝企鹅
Adelie Penguin	阿德雷企鹅
Chinstrap Penguin	帽带企鹅
Gentoo Penguin	金图企鹅
Macaroni Penguin	通心粉企鹅
ALBATROSSES: 信天翁	
Wandering Albatross	远程信天翁
Black browed Albatross	灰黑信天翁
Gray-headed Albatross	灰头信天翁
Light-mantled Sooty Albatross	黑羽信天翁
FULMARS, PRIONS, GADFLY PETRELS, and SHEARWATER: 管鼻燕、锯鹱燕、牛虻海燕和细嘴鸥	
Southern Giant Fulmar	南极大管鼻燕
Giant Fulmar	大管鼻燕
Southern Fulmar	南极管鼻燕
Antarctic Petrel	南极燕
Cape Pigeon	海岩鸽
Snow Petrel	雪燕
Narrow-billed Prion	窄嘴锯鹱燕
Antarctic Prion	南极锯鹱燕
Blue Petrel	蓝燕
White headed Petrel	白头燕
Kerguelen Petrel	凯尔盖朗燕
Mottled Petrel	斑羽燕
White chinned Petrel	白颈燕
Sooty Shearwater	黑羽细嘴鸥
STORM PETRELS: 海燕	
Black bellied Storm Petrel	黑腹雨燕
White bellied Storm Petrel	白腹雨燕
DIVING PETRELS: 潜水海燕	
South Georgia Diving Petrel	南乔治神燕
Kerguelen Diving Petrel	凯尔盖朗神燕
SKUAS: 贼鸥	
South Polar Skua	南极贼鸥
Brown Skua	棕羽贼鸥
GULLS and TERNS: 鸥和燕鸥	
Southern Black-backed Gull	南极黑背鸥
Antarctic Tern	南极燕鸥
Arctic Tern	北极燕鸥

上述鸟类中有五种属于企鹅，四种属于信天翁，其他大部分都是各种海鸥、海燕和海鸽。格鲁教授告诉我，过了南纬50°，尤其是过了南纬55°，经常可以看到一些大型信天翁随船飞行。

离开澳大利亚弗里曼特尔港的第五天，即12月8日，我们结束了一直向南航行的行程，因为这里是南纬55°，也就是说我们已经进入亚南极区域了。稍加留意，就可以看到从南极大陆漂来的冰山了。南纬55°是西风环流与南极气旋的复合带。从南极冰盖断裂漂浮的冰山到了这个复合带之后，由于洋流的控制基本上不会再向北运动，因此，南纬55°又是南大洋和北面的太平洋、印度洋和大西洋的地理分界线。据此，有的科学家认为地球上应该有五大洋，即北冰洋、太平洋、印度洋、大西洋和南大洋。因为南大洋环绕南极大陆，又被称为南极海。

在12月7日晚上，研究大气物理专业的日本朋友告诉我们，当天晚上可以观测到南极光。但由于船只行驶速度太快，我又没带感光度高的胶卷，只能用普通100度（指感光度）的胶卷对着极光景象拍摄，回国后冲洗出来效果还不错。但要想拍到漂亮的南极光，必须在南极的初冬季节进行固定拍摄，而且要用大于400度（指感光度）的胶卷拍摄才可以获得比较好的效果。

翱翔的海燕

从12月8日开始，我们沿着南纬55°海域一直西行，直到非洲南端以南的东经24°，再次转向继续向南航行。

这一路观察到许多海鸟群落，其中有两类海鸟最令人感兴趣。一类是体态矫健，被称为"海鸟之王"的南大洋信天翁；另一类就是体态十分娇小

考察船驶向南极洲

的雨燕、神燕。

　　信天翁是南大洋分布广泛的一种大型海鸟，在前面摘录的五个种群中，它们的体长都在 80 ～ 120 厘米之间，飞翔时展翅宽达 2.5 ～ 3.5 米。其中被称为南大洋巨型海鸟的远程信天翁，体长 120 厘米，飞翔时双翼展开可达 3.05 ～ 3.50 米。这种信天翁羽翅靠近身体的部分呈现出黑白相间的豹斑颜色，而头颈至背尾通体纯白，飞翔时矫健有力，姿态优美。它们最喜欢搏击在海浪滔天的暴风雨中。格鲁教授半认真半调侃地说，这是因为风浪中鱼虾们被折腾得晕头转向，正好有利于信天翁等海鸟捕食。远程信天翁和其他几种信天翁一样，除了捕食鱼虾类、头足类海洋生物之外，对人类的残羹剩饭也很喜欢。难怪船行之处，总可以看到它们或远或近地出现在我们的视野之内。

　　信天翁飞行能力惊人，可以在海上翱翔几百千米甚至数千千米而不停歇。

　　在南大洋还有一些体态小巧的海鸟，比如海岩鸽，体长 38 厘米，雪燕体长 34～39 厘米，黑腹雨燕体长仅 18 厘米。

那么这些精灵们在浩瀚大洋之中如何解决它们停站休息的难题呢？也许漂浮的冰山会成为它们的暂居地或歇息地，可是在南大洋的北端冰山并不多见，因此，这个问题困扰了我好几天。

后来，这个难题终于被我破解了。

一天早上醒来，我信步来到冰冷的甲板上，天气不错，被考察船前进分开的海面上翻起翼型的白色浪花，稍远处的海面却显出难得的风平浪静。突然，我看见一些小小的海鸟正在海面上埋头休息呢。

原来，这些大洋上的精灵们利用水面张力和自身羽毛角质的防水、隔

南极的夜空

水性能，巧妙地解决了休息甚
至睡觉的老大难问题。

海面上并不总是狂风暴
雨，也有相对平静的间隙。海
浪虽有起伏涌动，但波浪之间
仍能保持水面的完整性。每当
这个时候，那些海燕、海鸽们
便会依靠海水表面张力蜷卧在
海面上，随波逐流，像婴儿在

漂浮在洋面上的小鸟

摇篮中一样享受休息的惬意。也许那些信天翁也会用同样的方法解决长途飞
行中的"困顿疲劳"吧。

鲸 鱼

几乎每个到南极科学考察的人，都希望在自己的行程中能够看到海豹、企鹅和鲸鱼，和这些极地动物们近距离甚至零距离接触。但是并非每一个科考队员都有这种机会。如果在大洋中航行，则有机会观察到鲸鱼、海豚等大中型海洋动物，在有海冰分布的海域也有可能看到海豹，但是想看到企鹅，就不一定有那么幸运了。

当我们的考察船即将进入南极海域的时候，由于时时会遇到冰山或者海冰，船行速度会变得比较慢。尤其当洋面无风无浪时，就会听见一种奇妙的声音若即若离，有经验的老队员告诉我，这是附近的鲸鱼发出的声音。这声音非常动听，好像人为的一样。偶尔可以见到日本的捕鲸船出没在稍远的洋面上。大概因为日本的捕鲸行为在世界上的名声不太好吧，日本考察队员看上去有几分尴尬。

船上响起了广播声，说是声呐探测到船的左前方有鲸鱼活动的迹象。我住在船的中心位置，等我拿着相机来到前甲板时，海面上已经恢复了平静，只听见有人说拍到了鲸鱼的背脊，有人说拍到了鲸鱼的尾翼，还有人说拍到了鲸鱼喷出的水柱。那时候用的都是胶片，不像现在用数码相机拍的图片可以互相转发。直到几年前我再次去南极时，用数码相机不仅拍到了海豹和企鹅的各种姿态，而且拍到了不少鲸鱼游弋在海面上的照片：有的背脊露出水面像潜水艇，有的尾翼翘起像螺旋桨；有时单行，有时比翼竞游。

鲸鱼是地球上形体最巨大的动物，更是特大型水栖哺乳类海洋动物。企鹅和海豹虽然可以在海中长期游泳潜水，也可以在水面上换气，但是产卵、生子却必须回到岸上。而鲸鱼和海豚一类的海洋生物，虽然必须用肺呼吸，在海面上换气，但是却可以将幼崽直接产在海水中。鲸鱼和海豚一旦离开海洋，就会因为皮肤严重脱水而死亡。

2005 年、2012 年、2013 年的三次南极之行，我在南大洋的海域中都近距离地观察到鲸鱼在蔚蓝色海洋中游弋的身影。当然，要想全方位观察或者拍摄到鲸鱼是非常困难的，只有那些特殊的水下作业者或者通过潜水艇的舷窗才可以做得到。我近距离拍摄到南极鲸鱼是在 2012 年 11 月 24 日上午。那天的天气并不是特别好，我们刚刚进入南极半岛的纳克港，准备在那里登上附近的冰川区考察。纳克港（南纬 64° 50'、西经 62° 33'）位于南极半岛北端的安德沃德湾（Andvord Bay）。从严格意义上讲，这里的纬度还未进入南极圈，可是就陆地的延续性而言，纳克港附近的山脉、岩石和冰川已经属于南极大陆的一部分。当大家正在为踏上南极冰盖大陆而兴高采烈的时候，突然船上传来广播声，说在船行的前方可能会出现鲸鱼群。我正在船舱内准备登陆的装备呢，听到广播后立即手提照相机来到四层的前甲板上，这时船已经停下来，甲板上挤满了人，我的个头高，倒不在乎是否站在最前面，只要目标一出现，凭借多年的考察经验，相信一定会有收获的。

无人喧哗，无人拥挤，大家都聚精会神，不约而同地举着照相机或者摄像机对着前方的海面。蓦地，一个水柱又一个水柱先后从前方大约 100 米处喷射出来，我屏住呼吸，将镜头伸过人头的空隙，巡视着刚刚出现水柱的海面。果然，先是一条巨大的尾鳍甩出海面，紧接着一条鲸鱼巨大的流线型身躯"闪亮"出水，之后又有一条鲸鱼的脊背露出水面，仿佛两艘即将浮出水面的潜艇，长约 20 多米，这可能是两条蓝鲸，也有人说是露脊鲸。在鲸

鲸鱼尾鳍

鲸鱼群

鱼分类学上，蓝鲸和露脊鲸都属于须鲸。

和海豚一样，鲸鱼并非鱼类，而是生活在海洋中的大型哺乳动物，怀孕期为9～12个月，直接在海洋中繁殖，每胎产子一个。蓝鲸的怀孕期最长，为12个月。令人匪夷所思的是，蓝鲸受精卵不到1毫克，研究人员要用显微镜方能识别，可是幼崽出生时，体长竟然可以达到7～8米，重量为2～3吨！它可以说是世界上最庞大的婴儿。蓝鲸幼崽的哺乳期多为7个月左右，每天的哺乳量为400多千克。这些幼崽吃得多，长得快，每小时可以增加体重4千克，一昼夜就可以增加体重近100千克。

目前，在海洋中游弋的成年蓝鲸的体长几乎都在30米以上，体重最大的可以达到200吨。这个重量比曾经是地球上最大的动物恐龙还要大2倍以上。在阿根廷境内发现的阿根廷恐龙（化石），是迄今发现的体重最重的恐龙，重量为94吨。至于目前地球上最大的陆生动物非洲雄性大象，最重也不过7～8吨，和我们在南极海见到的蓝鲸、露脊鲸相比，就像幼儿园的小朋友见到身高超过两米的篮球巨人一样！鲸鱼的胃口特别大，最爱吃的是南极磷虾，蓝鲸一次可以吞噬5吨以上的磷虾。蓝鲸的口腔张大时有5立方米大小的空间，遇到磷虾群时张嘴吸气，磷虾一拥而入，然后闭嘴，通过唇须将海水过滤吐出，然后吞下美味的磷虾。和同样属于哺乳动物的海豹、海狮、海象不一样的是，鲸鱼完全属于海洋生物，离开水就不能生存。但是鲸鱼必须靠肺进行呼吸。鲸鱼的肺活量相当大，每次换气时可以吸入大约15000升的空气。这么多空气中的氧气可以让它在水下潜水两个小时左右。位于头顶上的鼻孔正是鲸鱼的"喷泉"出水口。说是出水口，其实正是鲸鱼的出气口，出水时也是鲸鱼吐出二氧化碳再次吸入氧气的时候。每当鲸鱼"喷水"时，喷出的主要物质是气体，是大量的二氧化碳气体。鲸鱼既是优秀的潜水健将，又是难得的游泳高手。它们一般能够潜到200～300米的深海并且潜游一两个小时；为了捕食磷虾或者躲避捕鲸船的追捕，它们以每小时50千米的速度快速前进。我们乘坐的巨轮最大时速才30千米，难怪远洋轮船在前进中很少有伤及鲸鱼的事件发生，原来它们比全速前进的轮船跑得还快呢。

鲸鱼头部的换气孔

在南极科学考察中，我先后见过三次鲸鱼浮出海面的情景。一次在考察船上，两次在橡皮冲锋舟上。

后来每当和朋友们谈起鲸鱼时，总会有人问到这样三个问题：鲸鱼那么大，橡皮舟那么小，怎么不怕鲸鱼抬头扫尾露脊时将橡皮舟打翻呢？鲸鱼为什么会集体

正在换气的鲸鱼

自杀？鲸鱼目前的生存环境到底如何，为什么还有人肆无忌惮地捕鲸呢？

我在南极和北极先后有十几次乘坐橡皮冲锋舟巡游冰海的经历，也有好多次在橡皮舟上近距离观察鲸鱼和海豹出没的机会，但是的确没有遇见鲸鱼主动攻击橡皮舟的事故出现，也没有听到有类似的事件发生过。其实，每次乘橡皮舟巡游时，我们也不无担心，万一那些庞然大物使起性子来，哪怕轻轻地甩甩尾鳍或者微微翻翻身，我们那"一叶扁舟"顿时就会"人仰舟翻"，甚至被鲸鱼吸入血盆大口之中！可是，有经验的驾驶员告诉我们，这种事情不会发生，一是我们与鲸鱼保持着足够的距离，二是鲸鱼也会主动远离我们这些不速之客，三是每个驾驶员都和船上的主控室保持着密切的联系，船上的主控室会随时监控鲸鱼们的活动规律和动向，驾驶员会根据主控室的信息调整橡皮舟行进的方向和路线，既能确保考察队员拍摄到鲸鱼、海豹们的活动实景，又能保障大家的安全。

鲸鱼们在世界各地集体自杀的新闻频频见诸报端。对此也有多种说法，

南极海豹群

其中不乏环境污染论、气候变暖论、人类捕杀引起的鲸鱼恐慌论、自然淘汰论等等，不一而足。不过有一个不争的事实，无论在南极或者北极的海域，从来没有发现有鲸鱼自杀或者集体自杀的任何报道。鲸鱼集体自杀几乎都发生在那些远离极地或者远离极地海洋的地方。1970 年在美国佛罗里达州皮尔斯堡沙滩，150 多条逆戟鲸争先恐后地冲上海岸，虽经抢救，最后仍然有多条鲸鱼搁浅死亡。1979 年 7 月 17 日在加拿大欧斯峡海湾，130 多条鲸鱼集体上岸死亡。2012 年 3 月 16 日在我国江苏省盐城地区新滩盐场发现有 4 头抹香鲸搁浅死亡，每头鲸鱼重达三四十吨。如果说这些鲸鱼的死亡与近代人类活动相关的话，那么，自古以来就有鲸鱼集体死亡的事件发生又该做何解释呢？出生在公元前 384 年的古希腊哲学家亚里士多德就亲自观察并记录过大批鲸鱼死亡的事实，他还说他无法解释鲸鱼集体死亡的原因。

所以说，鲸鱼集体死亡事件的确是一个谜。

不过，在动物科学家还无法做出全面科学解释之前，我宁愿相信自然淘汰论的说法。

毋庸置疑，鲸鱼也是现存最古老的动物活化石之一。

由于鲸鱼那庞大的体格和营养丰富、优质的脂肪，长期以来，鲸鱼成了一些贪婪者猎杀、捕获的对象。

说起人类捕猎鲸鱼的历史，还要追溯到 200 多年前的极地探险尤其是南极探险。哥伦布发现美洲新大陆之后，欧洲的探险家们试图在探险中有所建树，于是有了北极地区和邻近的冰岛、格陵兰的发现，也有了澳大利亚和新西兰的发现，之后他们又将目光瞄向了地球的最南端，即南极。就在南极发现过程中，富有极大商业价值的企鹅、海豹、鲸鱼等海洋生物引起了这些探险家和支持他们远洋探险的政府的极大关注。于是，在继续探寻南极大陆的同时，捕猎鲸鱼、海豹的产业便应运而生。在南极周边的南极海，这些海洋动物们遭到了从来没有过的血光之灾！

捕猎者在一些海岛上建起了宰杀工厂，将鲸鱼和海豹炼成油脂，运走了一桶又一桶油脂，换取了大量金币，留下了一副副鲸鱼、海豹的巨型骨架。后来对鲸鱼、海豹的捕杀还蔓延到了北极地区。据统计，自人类捕鲸以来，被捕杀的鲸鱼已超过几百万头！猎杀的海豹、企鹅更是不计其数。一头成年鲸鱼的市场价高达 100 万美元以上，如此高昂的利润成为一些捕鲸者穷追不舍的目标。南极水域盛产蓝鲸、巨臂鲸、巨头鲸、露脊鲸、座头鲸、缟臂鲸、虎鲸、长须鲸和抹香鲸等，因此也成了地球上最大的捕鲸杀鲸场。长期以来，欧美、日本等国家的捕鲸活动有增无减，一时间，美丽的南极海到处血迹斑斑，惨不忍睹，熬制鲸鱼、海豹油的烟囱林立。这种滥捕滥杀的行为，也导致鲸鱼种类、数量的急剧下降甚至濒临灭绝。

　　1964 年，南极条约协商国出台制定了《保护南极动植物区系议定措施》。1972 年，在联合国人类环境会议上，100 多个会员国通过了一项"呼吁全世界停止捕鲸 10 年"的决议案；1979 年，第 31 届国际捕鲸委员会决定无限期禁止在南极捕鲸作业。1982 年第 32 届国际捕鲸委员会再次决定，1986 年度捕鲸季节结束后，暂时中止一切商业性捕鲸活动。1993 年在相关国际权威机构的监管下，设立了南大洋鲸类保护区，环南极洲的大洋保护区面积达到了 1800 万平方千米，全球 90% 的鲸鱼在这里游弋、捕食和繁衍。中国是一个负责任的国家，虽然我们参与南极事务的时间比较晚，但是，当 1979 年第 31 届国际捕鲸

当年南极捕鲸炼油的遗迹

当年南极炼制鲸鱼油和海豹油的遗迹

委员会决定无限期禁止捕鲸船在南极作业后，中国政府就在《国际捕鲸公约》上签字，随即停止一切捕鲸活动。尽管如此，目前仍有一些国家不受国际公约的束缚，不顾世界绿色和平组织的强烈反对，我行我素，捕杀鲸鱼的行为仍在继续，而且有增无减，这是非常令人遗憾的事，也是遭谴责的事。但愿这些国家及时收敛和停止自己的恶劣行为，让这些可爱的鲸鱼能够无忧无虑、自由自在地遨游在无垠的蓝色海洋中，让人类永远可以欣赏到它们在海洋中游弋的身影。

海　豹

HAIBAO

∙∙∙∙∙∙∙∙∙∙∙∙∙∙∙∙∙∙∙∙∙∙∙∙∙∙∙∙∙∙

　　海豹为什么称"豹"，难道它与生活在陆地上的豹猫科动物，比如金钱豹、豹猫、雪豹属于同一科同一属？从动物学分类而言，海豹与我们传统意义上的豹或者豹猫科动物没有任何关系。

　　海豹其实是一个在海洋中广泛分布的动物大家族。据不完全统计，全球现有大约 3600 万头海豹，其中南极大约有 3200 万头。它们属于鳍足类动物，共有 13 种：豹海豹或者豹形海豹、象海豹或者象形海豹、罗斯海豹、威德尔海豹、食蟹海豹、髯海豹或者胡子海豹、斑海豹、灰海豹、环斑海豹、带纹海豹、鞍纹海豹或者格陵兰海豹、僧海豹、冠海豹。其中，在南极和南半球生活的海豹主要有豹海豹、象海豹、罗斯海豹、威德尔海豹和食蟹海豹5 种（有人将海狗也算作南极的海豹类，那么就有 6 种）。象海豹、威德尔

可爱的幼海豹

南极基岩是海豹的天堂

海豹和罗斯海豹属于南极的特有种。

海豹属一夫多妻制，在水里交配。除了必须在水面换气呼吸之外，还必须上岸到海冰和沙滩上产子、活动。只是它们在水中游泳时如离弦之箭，在岸上行动起来连企鹅都不如。有的幼海豹浑身白色，长大后会变为灰褐色或者斑点状灰褐、灰白相间的颜色。

海豹也有聪明的一面，考察中有人不小心距离海豹太近了，一只海豹企图对他发起"进攻"，这位同事突然对着海豹又是跺脚又是喊叫，吓得海豹纷纷向海洋方向退去，它们本能地认为大海才是自己的安全港。事后大家都批评这位年轻的同事，因为南极的所有海豹都受到《南极海豹公约》的保护，任何人、任何国家都不可捕杀南极的海豹，不可以近距离惊吓和骚扰它们，也不可以投喂任何食物。我国还将每年的3月1日作为国际海豹保护日呢。

在南极半岛和南极周边的基岩岛上，以及冰山、浮冰上都可以见到可爱的海豹们。

在南极考察的大多数日子里，我们看见的海豹都很温柔。无论是在海水里还是在基岩岛上，或是在冰山和浮冰上，几乎所有的海豹都给人一种善良、温顺的感觉，尤其在岸上，海豹甚至给人一种几近呆滞和愚笨的感觉。不过，我曾经在一次巡游中见识了海豹极像豹的一面。

那是在2011年11月的一天，我们离开南极半岛的天堂湾，通过勒马里水道，乘着橡皮舟在维克岛附近的海域巡游考察时，只见在微弱的阳光照耀下，海面上波光粼粼，附近的雪山、冰川洁白亮丽，一尘不染，水中的倒影给我们一种时空倒转的错觉。一些小型冰山被太阳辐射和水面、雪面的反射辐射融蚀成形态各异的模样，简直就是一个个漂浮在南极海面上的冰雕艺术精品。我们正忘情地欣赏和拍摄着这些巧夺天工的冰雕艺术，偶尔回头，发现两头海豹背对着我们正在一块浮冰上懒洋洋地晒太阳呢。橡皮舟在驾驶员娴熟的驾驶技术驱使下，绕着浮冰慢慢地接近大家拍照的最佳位置，我们手举相机屏住呼吸，准备在最佳的时间最佳的距离拍到最好的照片。突然，只见一头海豹使劲地伸起腰，支起头，怒目圆睁，对着我们张开了血盆大口，一刹那，我的心头就冒出了海豹也是豹的特殊感觉。原来海

南极海豹的血盆大口

企鹅、海豹和平相处

豹在警示我们——远离它们！

在几十年的野外科学考察中，我总想抓住每次难得的机会，采集到最直接的科学数据，拍摄到最精彩的图片。唯有此次在南极海上巡游时，拍到了海豹张开血盆大口的照片，这让我无比震惊，心中莫名地纠结。我在想：人类对包括鲸鱼、海豹在内的野生动物的大肆捕猎，我相信在它们的 DNA 中是有记忆的。

南极海豹的食物是多种多样的，多以肉食为主。南极的磷虾和鱿鱼是大多数南极海豹的最爱，尤其是食蟹海豹最喜欢吃南极的磷虾。有的南极海豹也喜欢吃企鹅，比如豹海豹就将企鹅列为自己最爱捕食的对象。而有的海豹还食海藻一类的素食。

形象逼真的鲸背岩

XINGXIANG BIZHEN DE JINGBEI YAN

都说冰川是地球表面最伟大、最精巧的雕塑师，果真如此吗？作为几十年研究冰川的专业人员，我可以告诉大家此言不虚！如果您到过西藏的喜马拉雅山，到过新疆的天山，到过四川、云南和西藏交界的横断山，见过那里的冰川地貌，就会有一种特殊的情怀，除了排山倒海白玉一般的现代冰川，还会见到一系列只有冰川才可以为之的古冰川遗迹：高耸入云的金字塔形角峰，绵延起伏的刀锋般的刃脊，横截面突出的 U 形谷地，还有各种各样的古冰川磨光面、鼓丘、鲸背岩、刻槽、擦痕、漂砾，以及大大小小明镜般的古冰川湖泊，好像人为堆积在古冰川谷地中的冰碛垄——终碛垄、侧碛垄、蛇形丘……这些古冰川地貌和动植物群落以及气候多样性、生物多样性、地貌景观多样性的组合，无不让人有一种身处世外桃源的感觉。令人匪夷所思的是，这些地貌景观，除了规模有大有小之外，其外表形态都大同小异。即便到了北极、南极，或者到了其他有过冰川分布发育的地方，也有似曾相识的感觉。

就拿古冰川作用形成的鲸背岩来说吧。

鲸背岩又称羊背岩，是冰川在漫长的地质历史长河中对冰川底部基岩进行研磨侵蚀而形成的地貌景观，因为其形态酷似鲸鱼或羊的背脊而得名。

我在西藏、新疆、云南、四川等现代冰川和古冰川作用区都发现过鲸背岩等古冰川地貌。比如新疆天山主峰托木尔峰东坡台兰河出口的古冰川鲸背岩；西藏拉萨河源头麦地卡盆地中的古冰川鼓丘地貌，其中不乏类似鲸背岩的鼓丘；四川黑水县达古冰川景区索道经过的古冰川鲸背岩群；四川凉山州螺髻山中的古冰川鲸背岩。

在我四次赴南极、三次赴北极的科学考察中，不仅多次目睹了在海洋中游弋的鲸鱼，也在那些鲸鱼活动的海域基岩岛上考察过古冰川作用过的鲸背岩。

南极的鲸背岩广泛分布于南极冰盖边缘地带和亚南极地区的基岩岛、基岩半岛上。当覆盖这些基岩的冰川退去后，许多冰川侵蚀地貌就会裸露出来，包括那些漂亮的鲸背岩。可以想象，如果真的有一天南极冰盖因为气候变化或者地质构造（比如大陆漂移将南极重新"漂"到中低纬度）融化殆尽，

远距离观察的南极鲸背岩

近距离观察的鲸背岩和在上面活动的海豹

一块裸露的新大陆一定会显露出因为冰川活动留下的大量地质地理遗存，这些遗存中当然不会少了古冰川鲸背岩。

在南极考察鲸背岩时还会有更多的收获，因为在登岛的途中，要和一些冰山擦肩而过，可以看到海豹、企鹅在海水中追逐嬉戏的情景，还可能与鲸鱼不期而遇；更有趣的是，在那些基岩岛的鲸背岩上，栖息着一群又一群的海豹、企鹅，我们可以近距离地和海豹、企鹅打打招呼并且合影留念。

在国内发现的鲸背岩，形成的年代相对比较早，加上后期的寒冻风化和生物风化，外表都不那么光滑了，但是仔细寻觅还可以发现只有冰川才可以遗留下来的特殊磨光面、擦痕和刻槽。在南极和北极，尤其是在南极冰盖边缘见到的鲸背岩，不仅形态鲜活灵动，而且岩面光滑如磨，巧夺天工，足见冰川这个大自然雕塑大师的功力多么强大！

南极冰山

 NANJI BINGSHAN

当考察船行进到南纬50°以后，就有可能见到冰山出现在茫茫的南大洋之上。越往南行，冰山出现的数量越多，密度越大，规模也越大。

人们在形容一件事物很硕大很壮观时，常常用"冰山一角"来比喻，可见冰山的规模是很大的。

一部《泰坦尼克号》电影，将100年前因为撞上了北极冰山而沉没的巨型豪华邮轮上发生的生离死别的故事演绎得催人泪下，同时也引起了不少人对冰山的强烈好奇心。

我在南北两极曾见过长度达几十千米、水上高度达到一二百米的巨型冰山。由于冰的比重是水的比重的9/10，因此，一座看上去200米高的冰山淹没在水下的深度却在1800米上下！

南极冰山考察

试想，如果一座冰

山没有庞大的水下部分，凭借"泰坦尼克号"巨型邮轮（66000吨级，相当于目前我国南极考察船的3倍多）当时最先进的设计构造和强大的动力，就可以随意绕行或者将漂浮在海面上的冰山"推走"了事。事实上，那庞大的水下冰山是不可小视的！当突然发现前方有一座冰山挡道的时候，"泰坦尼克号"的操作人员来不及转向绕行，而是直接迎头向漂浮在海面上的冰山"推"去，殊不知，在他们面前的岂止是那"漂浮"在水面之上的冰山，那只不过是"冰山一角"啊！对冰山认识上的错误，导致了1500多名游客连同第一次载客出行的豪华邮轮葬身北大西洋的惨剧发生！事后有关技术鉴定将造成这次事故的原因，归罪于建造邮轮的钢材中硫元素超标，导致了船体钢材"易碎"，于是酿成船沉人亡的悲剧。这种技术鉴定自有一定的道理，可是最根本的原因是在水下存在着一座看不见的巨大冰山，那才是真正的罪魁祸首！

刚从冰盖上崩塌的冰山

南极附近海洋中冰山的形成，与南极的冰川有着密切的关系。

南极冰盖的冰体由冰盖内陆向大陆边缘流动，当冰川冰体流到大陆边缘的时候就会向海洋延伸，其中一部分冰体或者遇上悬崖发生断裂而形成冰山，或者冰体直接深入海面形成"陆棚冰"，久而久之，在海浪的打击和顶托下，一些冰体就会发生断裂而形成冰山。这些冰山在冬季会和海冰冻结在一起，在南极大陆周边形成道道冰障，这就是当年南极探险先驱们无法轻易发现和抵达南极大陆的原因。因此，说冰山是极地冰盖的副产品，那是名副其实！

当夏天来临，海冰就会发生不同程度的融化，松动后的冰山在海水的推动下慢慢地向外海漂去，随着纬度的降低，海水温度的增高，加上海浪的冲蚀和太阳的辐射作用，这些冰山的个头会越来越小，最终融化在茫茫的大海之中。

冰山是极地冰川向大洋输送淡水水源的重要方式，也是平衡海洋水温的重要冷储来源。

融化解体的南极冰山

其实，凡是有冰川分布的地方，都有可能形成冰山这样的地貌景观。

在西藏和新疆的冰川科学考察中，我们经常见到一些山谷冰川的末端会发育一些冰川湖泊，冰川舌深入湖水之中，在湖水的顶托和地球引力作用下，运动到冰川末端的冰体同样会发生断裂崩塌，断裂后的冰体跌入湖中就会形成冰山。不过，这些地区冰山的规模是远远不能和南北两极附近的冰山相提并论的，它们只能算是极地冰山的微缩景观而已——这些冰山最大的长度不过几十米，出露水面的高度一般不会超过十几米，多数仅有几米。

无论是南北两极硕大无比的冰山，还是中国西部的高原高山冰川湖泊里的微缩冰山，它们在形成过程中的断裂崩塌都会产生巨大的摩擦能量，要是在晚上还可以看见这种摩擦静电所发出的幽蓝幽蓝的光泽，很美，很奇妙。可是我几次到访南极和北极都是夏季的白昼时节，无缘观测到梦幻般的奇异景色。

海冰和冰山还是许多极地动物尤其是一些大型哺乳动物生存栖息的地方。无论是北极熊，还是海豹、海狮、企鹅，它们虽然有良好的游泳技能，可要是没有海冰和冰山这些临时"陆地"作为它们的休息和繁衍之地，它们甚至会因为得不到换气喘息的机会而葬身海底。

冰山还是一种可资利用的固体淡水资源。

地球上有一些干旱的沙漠国家，那里严重缺水，有人提议用大型拖船将冰山拖到近海融化成液态水，然后通过运河、水渠或者管道输送到需要水的地方，以解缺水之急。

每次赴南极，临近南极海或者南极圈的时候，船上都有一个固定节目，那就是让全体人员参与猜猜什么时候将看见第一座冰山。如果有人猜中，就会得到由船方授予的第一次发现和观测到南极冰山的证书和相应的物质奖励。如果有幸猜得准，自然是一件十分高兴的事情；要是猜不准也没有关系，终于可以看见期盼已久的南极冰山。我每次都参与这种活动，但是非常遗憾，一次也没有中过奖。不过我却十分关注即将临近的南极冰山，当然与自己的冰川专业不无关系。

冰山不是山，而是漂浮在大洋中的一座座像山一样巍峨、像山一样壮美的由冰川冰构成的冰体。一般在南纬 50°—55° 的南极海面上就可以观测到从南极冰盖边缘远道而来的冰山了。

要了解冰山的形成机制，就有必要先了解极地冰盖冰川的运动规律。就拿南极冰盖来说，南极冰盖内陆高，边缘低，冰雪物质就会从内陆缓慢地、源源不断地向边缘流动。当然，这种流动单凭人的肉眼是看不出来的，只有科研人员用专门的仪器才可以测出冰川的的确确是一种流动着的冰的"河流"。此外，科研人员还可以通过一些地貌形态，证明冰川随时随地都在运动之中。比如鲸背岩就是冰川流动过的证据，还有冰川的弧拱构造、冰川擦痕、冰川刻槽等等，都是冰川在运动、在流动的证据。尤其是冰川弧拱构造，活脱脱就是一圈一圈凝固了的水的波纹。当冰川流到冰盖边缘时，由于冰体本身的结构力，一般不会马上断裂，于是就会形成覆盖在海面上的冰架，又

冰山表面的消融痕迹

冰山的消融痕迹

称"陆棚冰"。罗斯冰架就是南极冰盖在西南极南极半岛形成的著名的陆棚冰。这些陆棚冰在后续冰体的推压下，加上海水的顶托作用，最终会发生断裂，断裂的冰体跌入海中，就形成了一座座冰山。由于冰的比重相当于水的 9/10，所以冰山被顶托断裂跌进海洋后，露出海面的部分只有总体规模的 1/9。

刚刚从冰盖边缘或者陆棚冰断裂到海洋里的冰山，多数还保持着冰川或者冰盖冰体的原始形态，表面比较平整，给人一种正四方体或者矩形的模样，我们称之为"桌状冰山"。

桌状冰山

随着冰山在海洋中向远处漂流，在阳光的照射下，在海水的冲击和融蚀下，冰山的形体会发生变化，规模也会越来越小，直至最后消失在茫茫的大海之中。那些变化中的冰山，有的像山，有的像丘，有的像巨型远洋轮船，有的像小舟，有的像玲珑剔透的园林假山，有的像飞禽走兽。

在 2011 年南极考察中，在天堂湾附近的海面上，我们见到一座巨大的冰山，活生生就是一艘大型轮船。在"船"体的下部，竟然还有一群可爱的企鹅在那里惬意地享受着"大海航行"的乐趣呢。

南极冰盖上的气温和冰温都很低。尤其是在南极内陆，冰温都在 -30℃ 以下。要是在冬半年，气温可以低达 -80℃～ -90℃。这样的低温环境，大气降雪沉积到冰盖上，从比重为 0.1 ～ 0.3 克／厘米 ^{3} 的雪花要变质成为比重为 0.8 ～ 0.9 克／厘米 ^{3} 的冰川冰，至少需要百年以上。南极冰盖的冰体

企鹅要乘"船"去"远行"

假山一样的冰川　　　　　　　　南极冰山的奇特造型

别致的小冰山　　　　　　　　像船形的冰山

运动速度更是缓慢得惊人，每年的运动速度仅仅几十厘米到几米、几十米不等。如果在南极内陆形成的冰体要长途跋涉运动到遥远的南极海，一般没有万年以上的时间，是绝对难以完成如此长距离的马拉松的！

每次南极之行我都会问身边的同伴："当你们目睹这些形成于至少上万年以前的冰山冰时，是否有一种穿越时空的奇特感觉呢？"

就在这次天堂湾考察结束回到船上后，几位朋友邀请我去六层酒吧讲讲有关南极半岛的冰川环境，他们端出一盘打碎的冰山冰块（在南极海海面上随处可以见到几千克到几十千克的冰山冰块，这是允许自由取食的）加到各自的啤酒杯里，只听见阵阵噼噼啪啪的声音随着泛沫的气泡传了出来，十分悦耳。你可知道，这些冰块和它里面的气泡年龄也许为一万年、十万年，抑或是百万年呢。

冰山曾经让"泰坦尼克号"巨轮沉没失事，那只能怪当时的轮船公司和船长等操作人员太过自信"泰坦尼克号"的功能，还有可能他们压根儿就不了解冰山的特征和性质——水下部分的体积是水上部分的9倍！

漂浮在茫茫大海里的冰山，不仅是许多海洋生物，也是与海洋密不可分的诸如海燕、企鹅、海豹等海上动物们不可或缺的快乐"驿站"和栖息地，还是南极海重要的淡水补给水源。要是没有源源不断的冰山融水补给南极海，南极海的含盐度和生态环境就会发生很大的变化，海洋中的生物群落和食物链也会发生变化，那样一来，南极海就会是另外一番模样，也许会波及南极的鲸鱼、海豹、企鹅、磷虾，甚至会影响目前的生物组合形态。

同时，南极冰山还是南极重要的标志物。人们在大海中航行，一旦发

南极的雪山冰川与冰海

现有冰山出现，就会有一种别样的亲切感。在先进的航海定位系统出现前，人们还可以根据冰山的数量和形态来大致判断自己距离南极的远近。比如，冰山偶尔出现，说明已经进入南极海，但是距离南极还有相当的路程；如果冰山密集，说明距离南极不会很远了；如果有桌状冰山出现，说明南极已经近在咫尺。

当然，冰山还是南大洋的一种景观资源，是人们进入南极地区以后关注度不亚于鲸鱼、海豹和企鹅的一种自然地貌景观。

我在南极做讲座

WO ZAI NANJI ZUO JIANGZUO

· · · · · · · · · · · · · · · · · · · ·

每次赴南极科学考察，我都被安排给大家举办一次或者几次有关冰川与环境的科学讲座。

第一次赴南极时，在结束考察的回程中，当"白濑号5002"南极考察船途经新西兰西面的塔斯曼海时，同行的日本第28次南极队队员（他们结束南极考察后与我们乘船一起返回）山内恭先生请我做一次有关中国冰川的学术讲座。这种讲座在南极科学考察期间进行过不止一次，日本朋友称之为"南极大学"。回程中，南极大学的校长正是山内恭先生。

那时候没有电脑，没有手机，没有网站，好在自己的记忆力还不错，我爽快地答应了。对中国冰川的数量、形态类型、分布规律以及研究历史和现状，我是十分熟悉的。中国的西藏、新疆、甘肃、青海、云南、四川大多数冰川区都留下了我的足迹，比如：中国最长的冰川——音苏盖提冰川，中国最南边的冰川——云南的玉龙雪山冰川，海拔最高的冰川——珠穆朗玛峰的绒布冰川，典型的海洋性冰川——阿扎冰川、来古冰川、卡钦冰川、米堆冰川、若果冰川，长江源头的冈加曲巴冰川、水晶矿冰川，雅鲁藏布江源头的杰马央宗冰川，都是我多次考察过的地方。

为了讲好《中国的冰川》，给"南极大学"学员们上好课，我做了整整一天的精心准备。

1988 年 3 月 3 日晚饭后，当地时间九点半，在宽敞的餐厅内，我走上庄严的"南极大学"讲台，开始了我第一次南极科学讲座，讲座的题名是《中国的冰川》。在规定的 1 小时 40 分钟内，我用英文将中国的冰川区域分布、冰川的条数和面积、冰川的类型和特征、冰川与环境变化之间的关系，还有中国冰川研究的现状以及未来中国冰川研究的方向等等，向在座的将近 100 位日本南极研究专家以及美国缅因州州立大学地质系教授格鲁博士做了比较详尽的阐述。

当我讲到在中国西部的新疆、西藏、青海、甘肃、四川和云南都有现代冰川分布，冰川数量为 46252 条，冰川面积达到 59402.6 平方千米时，这些刚刚结束南极考察的日本科学家不约而同地鼓起掌来。20 世纪 80 年代正是中日关系的蜜月期，加上日本国内无冰川发育，许多日本科学家都期待来中国与中国冰川学家进行合作研究。

那时候我的英语水平很一般，从中学到大学我一直学俄语，英语是自学的，出国前仅仅经过三个月短期培训。事前我与格鲁先生讲好，如果在讲座中有英文表达不到位或错误的地方，请他一定及时纠正。他提前坐在第一排，我在做讲座时下意识地时不时看看他，只见他聚精会神地听着，频频点头以示"OK"。

将近两个小时的讲座总算结束了（包括 15 分钟的提问交流）。日本朋友报以长时间热烈的掌声，主持讲座的山内恭第一个走过来和我握手表示祝贺，格鲁教授一改平时沉稳的性格，站起来高兴地拍着我的手，一边帮我收拾讲座提纲，一边真诚地对我说道："You do very well！"（你讲得十分好！）我也十分高兴，和南极科学考察一样，我对此次"南极大学"的讲座成功感到非常自豪。要知道，这是用英文在做报告啊！我来南极之前用孩子的初中英语课本零星地自学了一些单词和语法，又到中国科学院成都分院外语培训中心短期突击学习了三个月，对于一个年过 40 岁的中年人来说学英语实属不易。现在居然滔滔不绝地讲了两个小时，并得到美国科学家和日本朋友的一致肯定，心中的那种满足感可想而知。

为了表示对格鲁教授的谢意，我将一幅用签字笔绘成的企鹅梅花图送给了这位美国朋友，他表示将会作为收藏品永远保存。

从当天起，考察船将要向北转向90°，离开南大洋，沿着印度洋和太平洋相邻的水域直奔澳大利亚的悉尼城了。

第二次南极讲座，是20多年以后的事情了。

2011年10月，北京德迈国际旅行公司老总张含月女士打电话给我，说年底有一批客人要乘坐"银海探索号"远洋邮轮，去西南极的南极半岛探险旅游，问我是否愿意前往，条件是在满足我科研的基础上，为客人做有关南极和中国冰川方面的讲座，往返费用全免，而且还给我支付一定的讲座酬劳。

"银海探索号"是一艘在巴哈马（位于西印度群岛）注册的远洋邮轮，长108米，宽15.6米，总吨位为6130吨，建造于1989年。在乌斯怀亚上船后，我被安排在四层的一间海景房，隔着舷窗就能看见大海上的旖旎风光。此次讲座主讲极地冰川与环境，也包括中国的冰川。中国的冰川主要分布在西部尤其是青藏高原，而青藏高原又是世界上最高的高原，有"世界屋脊"之称，地貌学家称之为地球的第三极，即地球的"高极"。大家对青藏高原上的冰川和极地一样很感兴趣。

同行者中有作家，有编辑，有翻译家，有金融家，都是知识层次比较高的人。给人的感觉是，讲座并没有很强的目的性，主要还是有问题可以随时交流、随时沟通。朋友们在乎的是一种天之涯、海之角的经历和交流。正如年轻的女作家鲍晶晶所说，到南极就是一种体验。她生活、工作在北京，一次杭州之行，在几近"隐居"的一个多月内，突发激情，撰写了小说《失恋33天》。后来她又将小说改编成同名电影，创造了当年票房的最高值。

作者（中）和学者于丹（右）在南极

第三次南极讲座是在 2012 年 11 月。这次是应挪威海达路德公司北京总代理刘结先生之邀请，乘坐挪威著名的"前进号"远洋邮轮赴南极游历考察。同行者有北京师范大学著名的学者于丹教授，有《扬子晚报》记者、著名的环游世界旅行者顾德宁、顾燕夫妇，有著名的金丝猴志愿者、野生动物摄影家奚志农先生。

我的讲座被安排在船行于德雷克海峡途中。这天天气格外好，许多人又想听我的讲座，又想到甲板上拍照片，其实我又何尝不想去多拍些好照片呢？但是讲座时间既定，责任在肩，只好上台开讲。讲的内容都是我几十年的研究课题和部分成果的科学普及，包括世界三极（南极、北极与"高极"青藏高原）的冰川与环境的关系，冰川变化与南极的未来演替，尤其是南极冰盖在地球气候变化中的作用等等。我的观点和目前国际上的主流理念有些不同。一些科学家认为，现在的地球升温和气候变暖是人类严重的工业化所为，大量的人为污染在地球上空形成了一个主要由二氧化碳气体构成的"温室效应"圈层，其结果将直接导致地球气候持续变暖。如果不予以控制，首当其冲的受害者就是冰川。南极冰盖和北极格陵兰冰盖在温室效应作用下，将会在不久的将来融化殆尽，那么，海平面将会上升 50～70 米，人类就会面临灭顶之灾！

我不同意这种观点。

首先，近几十年来气候的确变暖了，温度的确有持续增温的趋势，但是将原因全部归结为人类工业化以来的负面影响，这是有待商榷的。

已故著名科学家、原中国科学院副院长竺可桢有一篇非常著名的文章——《中国近五千年来气候变化的初步研究》，以大量的历史文献为依据，以物候学为基础，绘制了一条气候变化的曲线，从中可以知道，早在人类工业文明之前，中国就有过多次气候变暖的史实。比如在唐代，在今西安一带可以栽种柑橘一类的水果，而这些水果现在只有在南方才可以成活。通过俄罗斯南极东方站钻探的冰芯分析，早在距今 45 万前的南极冰芯气泡中二氧化碳含量比现在要高出几倍，但那时的南极冰盖也没有从地球上消失！据估计，当时地球平均气温至少高出现在 6℃以上。近百年以来，地球平均气温仅上升了 0.8℃，而这几年还有极寒的天气出现，哪能说气温一定会一直飙升呢，南极北极冰盖和地球上所有的冰川又怎能会在几年、几十年甚至几百年之内消融殆尽呢！至于海平面在冰川消失的同时将会上升 70 米，那就是"一说"而已，我们切不可杞人忧天。

再说，南极冰盖和北极格陵兰冰盖，还有地球上所有的山地冰川以及所有的江河湖海，都是大自然安置在地球上的温度调节器，尤其是南极冰盖和北极冰盖如同两个安放在南北两极的超级大空调，一旦地球温度升高，它们就会通过消耗自身的冷能储量，扩大消融强度来消耗更多的热量，辽阔的海洋也会通过提升海水温度吸收更多的热能，从而降低升高的温度，抑制气候变暖的趋势。

讲座的内容引起了一些朋友的极大兴趣。顾德宁夫妇就我所讲的观点，回国后在《扬子晚报》上发表长文《前两年"暖冬"，今年又极寒，地球冷暖出问题了吗》，该文反响非常大，并且被广泛转载。

　　于丹在我讲座后的第二天，也就中国古代哲学家庄子的《逍遥游》，结合南极之行，做了极为精彩的讲座。于丹是我见过的记忆力非凡、口才非常好的学者。她的讲座引经据典，旁征博引，如行云流水一气呵成，很受人们的欢迎。

在澳大利亚停留的日子

ZAI AODALIYA TINGLIU DE RIZI

20世纪七八十年代要去南极，最佳路径就是途经澳大利亚到东南极，途经阿根廷或者智利到西南极的南极半岛。

1987年我第一次赴南极科学考察的时候，来回两次都在澳大利亚经停。

在去南极的途中，经过近两周的海上旅行，11月27日抵达澳大利亚西部珀斯市的弗里曼特尔港。我们在弗里曼特尔港停靠了6天，以补充淡水、油料和食品，并进行轮船检修和人员的休整。

在抵达弗里曼特尔港前，一连几天吃饭时餐厅里总会播放一些预防性病尤其是预防艾滋病的录像，意在警示队员们下船后要注意自身的行为规范，要有强烈的健康保护意识。虽然没有向大家宣布"约法三章"等规定，但却起到了提醒、教育每个队员的目的。20世纪80年代，人们对艾滋病的认识还比较肤浅，不加以防范的话，会给自己和家人带来不必要的麻烦。

澳大利亚是一个盛产羊毛制品的国度。在弗里曼特尔港进关下船后，在通过码头进入城市之前，要路过一家大型羊毛制品商场，可能是那天我走在最前头的缘故，一位身着毛衣、毛裙的漂亮女老板迎面走来和我拥抱，大概是在船上看了预防性病的录像缘故，吓得我东躲西躲，从女老板的手臂里挣扎出来，老曲事后开玩笑说我真有"艳福"。可是我却无心逛街观风景，回到船上用肥皂浑身上下洗了好几遍才放心。现在回想起来，觉得当时虽然过于谨慎，但足见宣传教育片所起的作用是多么大。

在船上，包括甲板上都是无土无尘，但进出房间、阅览室、活动室都要脱鞋。这个习惯是日本人在唐代从中国学去并一直坚持到现在的。这是一个良好的卫生习惯。在船上，我们穿的鞋都是统一配发的，颜色、大小都一模一样，每人将自己的姓名或特殊记号标在鞋上以示区别。我在鞋上写了我的姓"张"字。在我去珀斯市参观游览的火车上，一名旅澳的学生看见我鞋上的汉字，便和我拉上了老乡关系。

这个姑娘叫周琳乐，后来她还约了两名来自广东的小伙子一起来船上参观，我在船上招待了他们。他们说能在南半球的澳大利亚见到祖国的亲人，而且是到南极参加科学考察的科学家，真是好高兴！其中一个小伙子是搞服装设计的，他说下次见面时一定为我量体裁衣，亲自做一套西服送给我。小周是自费到澳大利亚学习语言的，英语过关以后可能留在澳洲，也可能回国。当时他们几个人的语言都还未过关，他们说恨不得马上就回到中国去。

在珀斯市的唐人街，我和渡边兴亚队长去了一家华人开的四川饭店。这家华人是从马来西亚移居到这里的。一看菜谱有宫保肉丁、榨菜肉丝、红油辣子烧鱿鱼、豆腐香菇酸辣汤，还有天鹅啤酒，我食欲大增，胃口大开。

为了给美国地质学家格鲁教授接风，11月28日下午5点，渡边兴亚队长、佐藤夏雄副队长邀请我们参加在珀斯市内一家中华餐馆举行的欢迎宴会。宴会上有鱼翅汤、大龙虾、红烧排骨，当然也少不了麻婆豆腐。这道四川家常菜在日本也是家喻户晓，连发音都和四川话一模一样，只不过我这个四川人一吃，既不那么麻，也不那么辣，和四川味道的麻婆豆腐大相径庭，但我还是礼貌地连连点头："好吃，好吃！"

餐厅里有两名来自新加坡的服务员，他们既会讲普通话，也会讲广东话。还有一名来自广东梅县的小姑娘，不到20岁，高中刚毕业，和周琳乐一样，来这里先上英语学校。她趁学校未开学的机会来餐厅打小工，每周工作两次，每次只允许上班 3 小时，每小时 6 澳元，一周可以挣 36 澳元。她告诉我，华人出国，尤其到澳大利亚，不光要懂英语，会说广东话也很重要，否则在华人圈子里也会遇到交流的困难。

珀斯市是一个资源丰富、人口不多的城市，生态环境优美，社会稳定，治安良好。

澳大利亚盛产黄金、宝石和铁矿。其中有一种名为欧泊的稀世宝石，色如蛋清，圆润细腻，是女士们喜爱的饰品。我们在弗里曼特尔港停泊时，一些宝石商上船免税推销，日本朋友舍得花钱（当时正是日本经济繁荣的时候），他们见啥买啥，我们两个中国人因囊中羞涩，只能饱饱眼福而已。

大约 2 亿年前，澳洲（即大洋洲）大陆与南美洲、非洲和南极洲还连为一体，即所谓的冈瓦纳大陆。大约到了 7000 万年前的中生代，澳洲大陆才从古大陆中分离出来，形成了除南极洲外的第二个完全被海洋包围的独立的洲际大陆，也是地球上唯一的由单一国家控制的洲际大陆。澳洲大陆既没有受到外来国家的侵略，也没有发生过任何国内战争，几乎所有的生物种类，比如桉树、袋鼠、树袋熊以及鸭嘴兽等，都是在和其他大陆互相隔绝的状态下演替进化而来的。

在结束了南极科学考察的回程途中，我们还在澳大利亚最大的城市悉尼市停留了两周多。

我们离开了昭和站、新娘湾后，沿着南极圈附近的海域一路向东，在新西兰以南的南大洋海域向北直转 90°，经麦夸里岛（澳大利亚在该岛上设有科学观测站），再一路北行，1988 年 3 月 19 日中午 12 点 30 分，我们终于抵达澳大利亚悉尼港的外海。当时的气温是 21.8℃，对南半球的澳洲来说正是秋季。

从海上看，澳大利亚就像一块突然从水中隆起的古老陆地。

在等待考察船入关办理手续的时候，我们在悉尼港外海欣赏着不远处美丽的风光。只见海面上风帆片片，附近海岸线的岩石层次和走向历历在目；坐落在绿树之中的楼房鳞次栉比，色彩鲜亮；火车不时地从高架桥上徐徐通过；著名的悉尼拱形跨海大桥像一道彩虹凌空而起；和悉尼大桥隔岬相望的便是蜚声世界的悉尼歌剧院，那别致的造型、银白色的屋顶、巍峨的气势，仿佛一艘巨轮在海风的吹拂下即将起锚远航。那时，我国的改革开放刚刚起步，现代化城市还未显规模，因此，悉尼的那几处标志性建筑给我留下的印象非常深刻。

入夜，岸上灯光闪烁，船内灯火通明，几个日本朋友邀我垂钓。我们从餐厅找来剩菜当鱼饵，坐在船舱旁的走廊上，取出长长的钓竿，将钓钩放入海中，不一会儿便钓上一条小鱼，再将小鱼切碎当诱饵，立刻就有一条长约一尺的红色三文鱼被钓了上来。我将钓上来的鱼放入水桶中。两个日本朋友早已耐不住诱惑，他们将鱼剖开洗净，在事先准备好的砧板上切成片状，拌着生葱、虾子酱油，就着啤酒，开始美餐。我却对垂钓更感兴趣，没多久我就钓了十多条鱼，小的仍放回海里，大的放入水桶中。突然，又一条鱼儿上钩了，可是鱼太大太沉，很难用钓线将它吊上来。幸好身旁有一个长把的渔网，在日本朋友的帮助下，我才将这条重十多斤的大鱼捕捞上来。

入睡前，我和格鲁教授到甲板上去散步，发现大部分考察队员仍在垂钓，原来当船上灯光亮起的时候，海中的鱼儿便趋之若鹜，谁知这种趋光本性却让鱼儿成了牺牲品。

日本人喜欢生吃鱼片。除了生鱼片，他们还喜欢生吃鸡肉片、牛肉片、生吃鸡蛋。生鸡蛋是日本人老少咸宜的食品。他们在盛上米饭后，一般都要打一个生鸡蛋倒入米饭中，搅拌后一起吃。有报道说生鸡蛋可能有寄生虫，不太卫生。日本朋友却有自己的解释：刚刚起锅的米饭是滚烫的，加入的生鸡蛋受到热饭的影响会起到消毒作用。我半信半疑，在考察船上及出访日本时吃过多次生鸡蛋拌米饭，味道确实不错。

这位造诣颇深的地质学家格鲁教授告诉我，澳洲大陆属于沉积岩构造，基本上见不着由岩浆喷出而形成的花岗岩体，所以澳大利亚是一个由沉积岩构造形成的矿产资源丰富的国度。现已探明的矿产资源多达 70 余种，其中铝矾土、铅、镍、银、钽、铀、锌的储量均居世界首位。黄金、铁矿石、煤、锂、锰矿石、镍、银、铀、锌等的产量也居世界前列。据说，欧泊更是独一无二，别的大陆至今尚未发现这种弥足珍贵的宝石。

第二天，即 3 月 20 日上午 9 点 20 分，考察船终于开进了位于悉尼歌剧院和悉尼跨海大桥之间的悉尼港。

上午 11 点办好了个人入境手续后，我同老曲乘出租车前往中国驻悉尼总领事馆，但正好是星期天不上班，我们只好返回。

3 月 21 日，我们又去了一趟中国驻悉尼总领事馆，终于见到了来自国家气象局外事司的教科文参赞宋光跃先生。宋参赞是个十分热情的人，当我说明来意后，他在距领事馆很近的地方为我们联系了一家白人开的旅馆，每天 25 澳元，早餐免费，中餐和晚餐自理，有食堂可以就餐，也可以买菜自己做饭。从这里去唐人街也不远。宋参赞向总领事常桂浦先生汇报后，他们决定次日开车到悉尼港码头接我们。

第二天下午 4 点半，常总领事及夫人、宋参赞等十余人乘一辆面包车来到悉尼港，停车上船。之前我已经与船上有关部门取得联系，他们向下船临时度假的船长本田守忠大佐和考察队副队长佐藤夏雄报告。本田船长听说中国驻悉尼总领事到访，急忙驱车返回，在宽敞的船长会客厅设便宴招待常总领事一行。常桂浦是东北人，和老曲是同乡，50 多岁，身高 1.80 米左右，气宇轩昂，说一口流利的英语。

会见中，我向船长说明常总领事此行是来接我和老曲两人下船到总领事馆去，船长这才放松下来。随后，我们与本田守忠船长、佐藤夏雄等日本朋友一一辞别，我和老曲带着总领事一行参观考察船后乘车离去。我们参与的 1987—1988 年度的日本第 29 次南极地域夏季队的科学考察正式结束。

在离开考察船的前一天，佐藤夏雄副队长和另外两位日本朋友在唐人街一家中国餐厅宴请我、老曲和美国地质学家格鲁教授，有北京烤鸭、川椒虾仁、椒盐牛肉、麻婆豆腐等十多道菜，算是为我们这三个外国人送别的饯行宴。无论是日本人还是美国人，对中国菜尤其是四川菜十分喜爱。

我们依依不舍，一再碰杯、一再感谢、一再回忆这令人终生难忘的南极之行。

之后，我和老曲在悉尼购票，等待航班，还待了半个多月。

在悉尼期间，我们除整理资料外，其次就是去超市购物或去唐人街逛街，阅读华文杂志、报纸，特别是《人民日报》海外版，通过报纸来了解国内半年来发生的各种事件。那时候通信不像现在这样发达，许多资讯主要靠报纸或者杂志传播。

我们还参观了悉尼动物园。悉尼动物园在一个海岛上，乘船往返两澳元，入园免费。澳大利亚几乎所有的公园都是免费向游人开放的。除了凶猛的食肉动物和会飞的鸟类被特殊的网栏等设施圈养之外，其他如孔雀、鸵鸟、袋鼠、树袋熊（考拉）、企鹅、鸸鹋、大鹦鹉等动物全是开放喂养，游人可以和动物们近距离接触。由于动物园地处被水围绕的封闭海岛之上，自然不用担心动物会逃出。

澳大利亚的旅游景点比较多。在澳大利亚东北沿岸的太平洋热带水域中，分布发育着世界上最长的珊瑚礁群——大堡礁，全长 2000 多千米，总面积达 20 多万平方千米，由 350 多种绚丽多彩的珊瑚构成了上千个礁岛，以及成群结队的热带鱼景观，构成了澳大利亚最著名的旅游胜地之一。在澳大利亚中部，还有一块世界上最大的石头——大红石，它像一座高大的纪念碑耸立在干燥的草原之上。石头高达 348 米，底部周长 10 千米左右，通体赭红。从南面望去，酷似一个顶天立地的红色大面包，更像一轮从地平线冉冉升起的红太阳。这座硕大的孤石山大约形成于二亿三千万年以前，之后经过反复侵蚀（主要为风蚀）、抬升而形成了一个离堆山。此外，还有湖光山色、一片翠绿的塔斯马尼亚岛，还有澳大利亚最长的河流墨累—达令河，等等。总之，澳大利亚是一个广袤无垠、古老孤立、充满生机的另类大陆。

1988 年恰逢澳大利亚立国 200 周年。

1770 年英国探险家库克船长登陆澳洲，他向英王上书并宣布该地为英国殖民地。1788 年，英国遣送第一批移民到澳洲。后来，他们就将 1788 年 1 月 26 日定为澳大利亚的立国纪念日。

3 月 20 日，澳大利亚立国纪念活动达到了高潮，悉尼市张灯结彩，连华人社区的唐人街也不例外。房檐上、街道两旁的树上、商店内外都挂满了彩色的灯饰。悉尼歌剧院附近的公园、广场、街道上更是人山人海，市民们

澳大利亚悉尼歌剧院

都沉浸在节日的气氛之中。我们步行来到悉尼歌剧院参观。歌剧院的许多大厅平时均对游人开放，只见里面一个大厅连着一个大厅，尽管进进出出的人川流不息，但并不感到喧闹嘈杂。原来大厅四壁无论建筑材料、装修设计都考虑到了音响效果，可以将杂音尽量吸收掉。当然，这也与参观的游人不高声喧哗的文明素养有很大关系。

南极大陆的地质历史

NANJI DALU DE DIZHI LISHI

1987 年 12 月 16 日，经过一个多月的航行，我们的考察船终于抵达南纬 71°、东经 24° 的南极新娘湾。

自南纬 66° 34' 向南，我们就进入南极圈以南的南极地区了。这时，南极已进入极昼期，即整个半年都是白天，没有黑夜，太阳老是倾斜在头顶上。要是没有严格的计划，那么何时工作、何时休息全凭钟表甚至自己的感觉而定。好在我们每天都会接到值班人员提前送达的工作安排通知书，一切都按部就班进行。考察船进入海冰区域后，由于阻力增大，加上天气变化和前方冰山冰障等不确定因素，行进的速度明显减慢，船体也不摇晃了，在过道和甲板上行走如履平地。尽管船不摇晃了，每个人的身体却仍不由自主地晃个不停，因为经过漫长的大风大浪颠簸，每个科考队员都已习惯了在风浪中的航行，对戛然而来的平稳反倒有些不适应。在抵达新娘湾的当天，晚饭后我和渡边兴亚队长来到一层前甲板上，面对着南极大陆的冰雪世界激动地四手相握，渡边再次欢迎我参加第 29 次日本南极考察，我则衷心地感谢他的友好邀请和精心安排。我也向他表示，以后有机会请他再到中国的冰川区考察。渡边兴亚高兴地答应说："想在你的邀请下，一起去中国的西藏，去珠穆朗玛峰地区，用步行的方式慢慢地走到珠穆朗玛峰脚下，再步行到那里的冰川上。"后来，我向他发出几次来中国西部科学考察的邀请，2016 年 11 月

南极海冰

28 日—31 日由我和海螺沟景区管理局谭智泉局长共同发起的"四川甘孜海螺沟国际山地学术论坛",我也邀请他来参加,他表示非常想参加这些考察和会议,见见我这个老朋友,但是他的工作计划安排得很满,只好爽约。

漫长的航行使我们的体力消耗都很大。由于第二天要乘直升机上岸,去 30mile(即英里,1 英里约合 1609 米)点、飞鸟站科学考察,大家都按时上床休息。

第一次来南极并且即将登上南极大陆,的确很激动,不过觉还是要睡好的,虽然身体有些不适应船体平稳的状态,但我很快进入了梦乡。

在不知不觉中,我来到南极洲一个山上白雪皑皑、山下绿树成荫的美丽地方。这里流水潺潺,空气清新,青堂瓦舍掩映在翠竹、芭蕉之中,一缕缕炊烟飘向空中,不时从村落深处传来鸡鸣犬吠之声。我和同伴们向村庄走去,一些亚洲人长相、打扮的中小学生好奇地打量着我们这些不速之客,我们友好地向他们点头致意,还不时举起相机把南极的美景拍摄下来。

可我怎么也弄不明白，为什么在这冰天雪地的南极洲会出现热带、亚热带的植物景观，而且还有人类活动、居民村落！

也许是在做梦吧？我下意识地问自己。

我和同伴们还待在那世外桃源般的南极村庄里。当地居民告诉我，这里气候温湿，物产丰富，于是就移民到了这里。他们还说，由于这是一个神秘的地方，许多大型国际会议都从其他各洲转移到南极召开，这里已经成为国际上引人注目的旅游胜地了。

我将信将疑，转过村庄的一角，看见小桥流水，鲜花盛开，从不远处走过来一群西装革履的人，走近一看，多数都是熟识的老朋友，一问，他们都是到这里来参加一个国际学术讨论会的，也是坐飞机刚到。我说那以后到南极就方便了，于是我们边说边穿过村庄，准备到南极冰盖上去领略一下这世界上最高最大最冷也是最干燥的大陆。

后来我多次从睡梦中醒来，又进入梦中，迷迷糊糊中，不知道究竟是现实还是梦境……

梦，多么美好的梦！

但是，从南极的地质、生态环境的演替历史而言，绿色的南极的确不是梦！曾几何时，南极与亚洲、非洲连为一体，那时的南极是何等温暖！何等潮湿！何等生机盎然！后来，距今约2亿年前，冈瓦纳古陆发生断裂错动，南极洲逐渐漂移到现在的位置。即使在漂移过程中，南极也是森林密布，风光无限。只是到了大约7000万年前，南极这块"热土"才脱离了亚非大陆主体，在现在的地方"定居"。从科学考察发现的南极冰盖下厚厚的煤层，便可想见当年南极大陆生机勃勃的景象。

自地球进入最近10000年的全新世以来，北美、欧洲和西伯利亚以及青藏高原上的许多冰川、积雪消融加速，冰川的厚度随之变薄，长度变短，面积变小，有些小型冰川甚至消失，科学家称这为冰后期。冰后期以来地球气候的变化也是波动的、不尽一致的。其中，在距今3000年前地球平均气温曾下降了3℃左右，冰川积雪面积得以恢复和扩大，科学家将这一阶段叫作新冰期；后来气温又一度变暖，新冰期发育的冰川积雪消退、变小甚至消失。到了距今300多年前，也就是明朝中后期，地球平均气温再一次降低，比现在的气温低2℃左右，北半球的冰川再一次增厚，面积再一次增大，不过这一时期延续时间并不长，仅100年左右，科学家称其为小冰期。

由于多方面的原因，自小冰期以来，地球气温又有螺旋式上升变暖的趋势。不少科学家，尤其是冰川、气象、生态环境学家惊呼，气温如此持续居高不下，南极冰盖将有可能被融化解体。据计算，南极大陆面积为1400余万平方千米，厚度达2000～4000米的南极冰盖一旦融化解体，海洋洋面将会提高50～70米！如此一来，地球上许多海洋国家及沿海城市将面临灭顶之灾！

日本并无冰川，但他们对冰川研究的投入超过许多国家，问他们为何如此倾心于极地和山地冰川的研究，他们无不忧心忡忡地回答说，万一地球气候持续变暖，包括极地冰盖在内，地球上冰川被融化解体，像日本这样的岛国绝大部分城市都要被淹没，日本大部分国土将被海洋所淹没，所以日本政府和有关科研院所、学校特别重视以冰川变化为突破口的世界气候环境演变的理论研究。

从理论上讲，任何事物包括地球本身都存在着发生、发展到消亡的过程，山地冰川、极地冰盖同样也逃脱不了这亘古不变的规律。但科学家们最担心的时间只界定在人类发展中一个相当长而在地质环境变化中却比较短暂的时间之内，换句话说，即目前能比较理性准确地观测、研究的世界环境变化趋势的范围内，比如说1万年。

1万年以来，也就是地球地质历史最新时段即全新世。科学家又将距今1万到1.2万年以来称为冰后期，这是从冰川学研究的角度而言。全新世或者冰后期正是人类发展最辉煌、最快速的时代。在这1万年之中，人类创造了地球形成以来最丰富、最灿烂的文明。

这一时期地球的气温也有冷暖交替变化的波动，波动幅度在3℃～6℃之间，但并未发现有南极冰盖解体、青藏高原等极高山地区冰川完全消退的迹象。

苏联在南极东方站用了28年时间钻取了3623米深的冰芯，该冰芯所记录的地球时间达45万年。冰芯中的氧同位素变化表明，在45万年以来地球上发生过冰期和间冰期的气候轮回，同时也证明了在这几次大的冷暖变化轮回中，南极冰盖一直都存在的不争事实。

南极绝大部分区域内降水稀少，年降水量多在50毫米甚至10毫米以下，是典型的"冰雪荒漠"。在南极内陆进行科学考察，如果没有足够的淡水供应又无充足的油料能源储备，那处境无异于在茫茫戈壁沙漠中。要知道，南极冰盖冰体温度多在-30℃以下，相当于一种特殊的低温冷冻岩石，是不可以直接饮用的。由于纬度极高，太阳光不能以高角度辐射作用于冰雪物质，太阳辐射给予冰面的热量极其微弱，气候极度寒冷，因此，除了陆地边缘极少部分区域外，大陆冰盖主体部分降落的雪几乎不会融化。在地球引力作用下，雪层一年一年地增厚并产生重力重结晶作用，于是雪花慢慢变成冰，并缓慢地向冰盖周边海拔较低的地方流去。当这些冰盖冰运动到冰盖边缘海陆交界处时，由于纬度降低和海拔高度的降低也会产生程度不同的融化现象，但南极冰盖物质支出的主要方式却不是冰雪的融化，而是当冰体运动到海面上形成陆棚冰架时，因为海水的顶托而断裂（海水含盐量高，其密度大于冰体，于是对陆棚冰架产生浮力顶托作用），断裂的冰体逐渐漂向外海形成冰山，再漂向更低的纬度，慢慢地解体、融化，消失于茫茫的海洋之中。无论是南极最著名的罗斯冰架，还是南极周边的陆棚冰，因受海水的浪蚀和顶托作用，终究是要脱离南极冰盖而融入南大

南极冰盖的远景

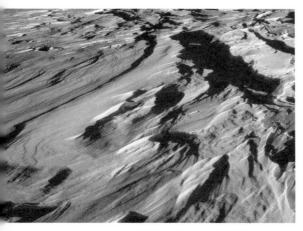

南极冰盖的近景

洋之中的。不论气温升高还是降低，冰雪物质都无一例外、不间断地沿着南极冰盖—陆棚冰架的方向运动，由此控制着冰盖自身的规模，并不断地向大洋补充着水资源。

大气中飘落而下的雪花体积小、比重轻，当它们年复一年地积累在气候十分寒冷的南极内陆或海拔六七千米以上的高山之上时，便会在地球引力作用下变得密实起来，雪的晶体便会大"吃"小，互相"吞食"，最终质量仅为 $0.1 \sim 0.3$ 克/厘米^3 的雪晶会变成比重为 $0.8 \sim 0.9$ 克/厘米^3 的冰晶体。科学家将这种雪变化成冰的过程叫作"重力重结晶作用"。

从热力学理论来说，气温在一定范围内升高，或许对南极冰盖周围的陆棚冰架的寿命延长利多弊少呢。这是因为冰川冰既非流体也非刚体，而是带有一定可塑脆变性能的黏滞流体。当气温升高时，冰川冰的脆性减弱，黏滞度增大，可塑变形能力增强，更能抵抗由于海水顶托作用所产生的冰架断裂的威胁，更能长久地与冰盖主体连接在一起，这对于冰盖体的冷能储备、抗气温升高和增强抗冰川消融强度的能力无疑是有所裨益的。

就目前地球表面气温持续升高的趋势和幅度来看，部分科学家认为并非一些专家和媒体所惊呼的那样危言耸听。因为南极冰盖属大陆性冷性冰川，活动层以下的冰温都在 –30℃以下，要想让如此低温的冰体融化解体，必须首先让升高的气温足以将厚达几千米的冰川冰温度从 –30℃以下提升到融点温度即 0℃状态，同时还需要更多的热量将 0℃的冰化成 0℃的水……

在 1 万年以来的全新世，地球气温平均波动变化幅度仅在 3℃左右。按这种幅度推算，在未来 1 万年之中，即使地球表面平均气温上升到比现在高出 6℃的极限幅度，对于 –30℃以下的南极冰盖而言，仅仅是提高冰温而已，丝毫不会对冰盖冰的融化解体发生物理形态变化（即由固态的冰变为液态的水或气态的蒸汽）产生根本性的影响。换句话说，南极冰盖并不会因目前这种气候变暖幅度而轻易地从地球上消失！

因此，就过去的 1 万年甚至 45 万年的地质历史而言，在这种温度变化范围之内，我们完全没有必要担心未来 1 万年甚至几十万年之内南极冰盖会从地球上消失，当然海平面也不会上升 50 ～ 70 米，也不会因此让世界上沿海许许多多大中小城市面临灭顶之灾！

南极陆棚冰

要是单说南极冰盖，其消失的另一种可能则是将南极大陆重新漂回到温带、亚热带甚至热带地区。南极既然当初能够从冈瓦纳大陆分离、漂流到现今的位置，当然也可能重新回到原来的位置或漂到别的比较温暖的地区去，但我相信这大概也不是人类历史长河中所能看得见的，只是在地质历史的发展长河中可能出现的事件。

冰川是气候变化的窗口。气温升高，意味着冰雪消融强度的增大。但是世界上任何事物都具有双重性，冰川和积雪的存在，实质上是地球寒冷暑热气候变化的天然调节器，因为冰雪的消融必然要消耗大量的热量，无形之中在一定程度上又限制了气温的进一步升高。若真的发生了南极冰盖大规模融化的趋势，并且导致洋面上升，洋面面积扩大，与此同时，用于洋面蒸发的热量消耗也要增加，进而引起水热对流交换的增强，结果必将促进降水量的增加……这一系列过程都会使升温的地球表面重新变得温凉。

国旗因我而升

GUOQI YIN WO ER SHENG

我登上南极大陆的第一个地方有个十分动听的名字——新娘湾。这是我们此次南极科学考察的第一个登陆地。新娘湾位于东经24°、南纬71°，这里的海冰平均厚度2.5米。由于新娘湾海冰面积非常大，此次登陆的考察安排较满，而且还要接回部分返回的第28次队队员，因此决定以直升机作为交通工具，先分期分批将人和物资从船上转运到距离海岸30英里的"30mile点"，再用雪上摩托和履带式汽车拉着雪橇将物资运往更内陆的飞鸟站（又称飞鸟基地）。飞鸟站（南纬73°32'、东经24°）距离新娘湾大约130千米。

我们是12月16日抵达新娘湾的。在后勤人员用直升机转运物资的时候，我们冰川组的科研人员对停泊处的海冰将进行科学考察，然后乘直升机再转雪上汽车前往内陆的飞鸟站进行冰川积累、消融、成冰作用以及相关的物质

停靠在新娘湾海冰区的"白濑号5002"

日本南极破冰船搭载的直升机

平衡的观测。

按计划，直升机首先向冰盖30mile点和飞鸟站转运物资，并将越冬队员、地质组成员送往飞鸟站和索尔隆戴恩山脉越冬基地及考察区域。经过一天多的准备，12月18日我们冰川组下到海冰区进行首次科学考察。

考察船用专用吊车和吊筐把我们冰川组的成员送到海冰冰面上。渡边兴亚、宇都和森永由纪博士都是冰川组成员，同时行动的还有一位日本东京电视台的岛田喜广先生和日本钢管株式会社船体设计室主任荻原俊秀先生，共6人。

渡边兴亚教授是国际知名的冰川学家，尤其在极地冰川学方面颇有造诣。后来多次出任日本国立极地研究所所长，多次带队赴南极进行科学考察，提出了许多新的观点和理论，也有不少新的认识和发现。比如他在20世纪末提出关于南极冰盖下面分布着储有液态水体的冰下湖泊，这一发现引起国际冰川与环境变化等理论研究界的特别关注。

　　森永由纪当时是日本东京大学气象专业的理学博士，在这次南极考察中她与我同组。我回国后曾邀请她到西藏进行冰川考察研究，我们一直保持着友好的往来。

　　荻原俊秀是设计建造"白濑号5002"破冰船的厂家代表，他专门负责搜集破冰船在整个考察航行中的各项技术指标、结构性能、材料变形、疲劳状况等方面资料，以便对船只进行更好的维护，同时为建造性能更好、更现代的远洋破冰考察船提供新的资料依据。

　　我们找到一处较为平坦的海冰面，先将表层冰雪挖开，形成一个长3米、宽60厘米、深20厘米的浅长方形冰槽后，用螺旋冰钻对海冰进行冰芯钻探。

科考人员在新娘湾海冰上作业

107

冰芯采集

记录冰芯数据

经过近4个小时的艰苦工作，终于完成了三组海冰冰芯钻探取样工作，其中一组的原始记录如下：

海冰上层：粗雪 20 厘米

第一段冰芯：78.5 厘米

第二段冰芯：55.0 厘米

第三段冰芯：37.0 厘米

冰芯直径：10 厘米

冰芯总长度：170.5 厘米

再加上表层雪厚度 20 厘米，该处海冰厚 190.5 厘米。

另外两组海冰都比这一组要深一些。虽然冰芯的长度只有两米上下，事实上在钻取时，当冰钻钻透冰层的一刹那，底部冰芯因与海水相接，质地很软，很难被提取出来。根据破冰船破冰厚度进行分析，可知每组冰芯的实际钻取长度约为冰层厚度的80%。据三组冰芯长度和"白濑号5002"前进中的破冰厚度综合分析，新娘湾当时海冰平均厚度为2.5米左右。

在现场，我们还对海冰冰芯的层理、硬度、温度和含盐度进行了相关测定，冰芯随即被送回船上低温实验室，以便进行更多更细的理化指标实验分析。

海冰被钻穿以后，由于海浪的潮涌，一股腥味的海水随即溢出冰面。我开玩笑地说，说不定会有鱼儿从钻孔中冒出来呢。也许是钻孔太小的缘故，直到我们收工上船也没见钻孔里有鱼虾冒出来。倒是有几只企鹅若即若离，似乎在抗议我们侵占了本该属于它们这些极地生物群落的家园，它们嘎嘎嘎地叫个不停。我多想取出随身携带的干粮喂喂它们，可是根据《南极条约》有关规定，未经特别允许，是不容许捕猎、喂养南极地区野生动物的。

几天的海冰考察工作固然十分有趣，也很有意义，但看到直升机每天来来往往，不停地向大陆冰盖的 30mile 点和飞鸟站运送人员，输送物资，我渴望早点被安排飞向真正的南极大陆。

但是日本人做事，完全按照计划规程。我被安排在 12 月 20 日乘直升机登陆。

1987 年 12 月 20 日上午 10 点，我乘编号 84 的军用直升机向南极大陆飞去。按计划，我们先去 30mile 点，当天去当天返回。

我不仅想去 30mile 点，更想去飞鸟站，但和日本人合作，做事情不能太着急。

在直升机上俯瞰南极，只觉得天是圆圆的，地是圆圆的，海也是圆圆的，极目远望，一切仿佛处在圆圆的魔幻之中。

作为队长，渡边兴亚教授和船长本田大佐在考察船抵达新娘湾的次日，亲自乘直升机先到 30mile 点和飞鸟站试飞，在确保一切正常之后才开始安排其他人员分期分批登陆飞行。从安全角度考虑，我被安排在第三批登机。起飞前，渡边兴亚握着我的手用中文对我说："张先生，小心！祝你成功！"

作者（左）与渡边兴亚在南极

30英里的空中距离，用了15分钟就飞到了。降落前向下鸟瞰，冰原上是一片繁忙的景象，到处是雪上摩托、雪橇、履带式汽车。直升机一小时飞一个来回，海上自卫队官兵和登陆的考察队员紧张有序地从飞机上搬运物资。几名自卫队员身着银光闪闪的消防服，警惕地站立一旁，严阵以待，以防任何引爆、燃烧或滑坠的意外事故发生。

的确，在南极科学考察中对各种可能发生的紧急事件，都应该有十分周到的应对预案。

冰原上的各种机械设备，都是建站以来历次考察时或是经过海冰区直接开上南极大陆，或是由直升机将部件运往冰原上再组装而成的。

即将进入飞鸟站考察的各种车辆，已经呈一字形顺风排列停好。南极终年均盛行由内陆向边缘吹刮的下导风，伴随着下导风的则是风吹雪。这些风吹雪在一定地形条件下形成一个个跪雪丘（风吹雪遇到障碍物时形成的雪堆，其形状极像人跪着的样子，呈垂直夹角，故名），被风掏挖过的地方则形成一个又一个有规律的凹坑。就在停放车辆的地方，风吹雪在车辆附近形成了许多跪雪丘和凹坑。由于顺风排列，再大的风吹雪也不容易将这些车辆和雪上摩托、雪橇全部掩埋。

面积巨大的南极冰盖是地球表面最大的冷源。南极四周海洋洋面的上升气流源源不断地聚集在南极冰盖腹地上空，在冰盖冷源作用下，聚集在南极上空的气流降温下沉，这些下沉的气流又沿着南极冰盖表面向四周流动，于是便形成了从南极内陆腹部向南极周边吹动的定向风，科学家将这种风叫"下导风"。

下导风不停地将南极内陆的冰雪物质吹移到南极周边地带，这是南极冰盖冰雪物质再分配和运动的重要方式，在研究南极冰盖物质平衡和冰盖变化中具有十分重要的意义。

冰盖内陆站的房屋全部建在冰下，由一条冰巷道斜贯冰下房屋之内，进出口有一扇绝热门可以开启、关闭。冰下房屋内温度很高，有空调供暖。"房屋"上下左右都有一层厚厚的绝热材料，以确保"房屋"墙壁外层绝对不可能与冰雪层进行热传导和热交换。"房屋"的规模、大小与站务的需求相配合。就 30mile 点的冰

作者（左）在南极冰盖30米以下的工作室中

下建筑而言，其功能齐备，舒适安全。内有卧室、厨房、餐厅、厕所，配有自动融冰化雪设施，冷水、热水全天供应。为消防安全起见，除进出口的倾斜冰阶巷道外，在"房屋"的另一侧还有一个备用的救生安全通道。

由于当天要乘直升机返回考察船，我吃过饭后便趁大家饮茶休息的时候，对 30mile 点附近的积累、消融、风吹雪以及冰层温度进行了观测。日本随队厨师坂本好吉是渡边兴亚队长的好朋友，对我很友好。他见我饭没吃好就出去抓紧时间考察，特地为我做了一碗"粉丝"汤，临上飞机前送到我手上，我一吃，哪里是粉丝，分明是一碗鱼翅汤。我十分感谢这位友好的日本厨师。在船上，我送过他一套景德镇的瓷器，他送了我一幅贴有日本邮票、盖有昭和站邮戳的纪念封，邮戳日期分别是我和家人的生日。这是一份十分珍贵的礼物，我一直保存着。

去飞鸟站的日期，被安排在 1987 年 12 月 25 日中午。

这天中午 12 时 30 分，刚吃过午饭，尽管空中有雾，我们仍然破雾飞行，先由直升机将我们送到 30mile 点，之后我们又坐上履带式汽车，每辆汽车后边都挂了几节雪橇，上面装满了送往飞鸟站的物资。从 30mile 点到飞鸟

日本飞鸟站外景

站还有 120 千米，因为是上坡，估计要用 10 ～ 13 个小时。好在天气好，没风，一路行进得比较顺利。

从 30mile 点出发时已是下午 2 时 30 分，一路所见都是冰雪风光、冰晶世界。在中国西部高山高原上见到的雪花，大多是在降落过程中或降到地面后受热发生变质圆化后的形态，真正原生态雪晶冰晶只有在低温实验室里才能见到。在南极内陆，在气温极低的环境中，雪晶很长时间都保持着六方晶系的原生状态，在柔弱的南极阳光照射下，发出宝石般耀眼的光泽。在中途休息时，森永由纪博士建议我侧躺在雪面上对着冰雪面望去，果然看见许多熠熠生辉的针状的、柱状的、薄片状的美丽异常的冰晶雪花，随着观测角度的变换，一会儿呈现出蓝色光泽，一会儿呈现出紫色光泽，一会儿又呈现出金色或银色光泽，真是光怪陆离，变幻无穷。

南极真是一个天然的冰雪研究、观测和教学实验室！

凌晨 3 点多，我们终于抵达日本建于 1985 年的南极飞鸟站。从履带式汽车上跳下来，抬头望去，只见一个标有"飞鸟站"（あすか基地）的站牌，后面有一排旗杆，中间两根旗杆上哗啦啦地分别飘扬着中国国旗和日本国旗，飞鸟站背后的索尔隆戴恩山上的斑斑积雪显得格外耀眼洁白。

在南极飞鸟站的上空，因为我——一个普通的中国科学研究人员的到来，专门升起了中华人民共和国的国旗。这是中国政府代表的骄傲，是中国人民的骄傲，也是中国科学家的骄傲。我心潮澎湃，思绪万千，对着鲜红的五星红旗凝视良久。我站在庄严的五星红旗下，请日本队员帮我留下了永久的纪念。

南极为全世界所共有，《南极条约》规定冻结任何国家和个人对土地、资源主权的拥有，任何国家的代表到达某个国家的注册研究台站去访问时都必须升起访问者的国旗，以宣示台站建立国对《南极条约》的承诺、义务和责任。

飞鸟站为我们准备了一个舒适的连底大帐篷，到访的十多人席地而睡，钻进各自携带的鸭绒睡袋中，度过此次南极大陆考察的第一个夜晚。而我却睡不着，借着微弱的阳光，半坐半躺地记录着当天的所见所闻，记下了国旗

在南极飞鸟站升起的中国国旗

为我而升的感动一幕……

飞鸟站建在一处相对突出的冰原下，站外天线林立，站内温暖如春，一箱无土栽培的珍珠西红柿在特制的灯光照射下长得苗肥果壮。

厚达 2000 ～ 4000 米的冰盖将南极大陆封闭在寒冷之中，只是在内陆一些突起的山脉和大陆周边可以看到裸露的岩石。南极虽非绝对的生物禁区，但对于生活在那里的生物而言，生存环境的确是十分严酷的。夏季，太阳总是挂在天上，看不见星星，也很少清晰地看见过月亮；可是到了冬季，太阳只是正午时分在远远的地平线上露出些许熹微，伴随着 −40℃以下的低温，加之缺乏液体水和光合作用，除了在一些低洼向阳的地方和湖盆有一些地衣、苔藓和藻类季节性地生长之外，极少看到更高等的植物群落的分布。即使在南极半岛（位于南极圈之内）的南极本土和周边岛屿上，几乎也看不到显花种子植物种类的踪迹。

不过奇怪的是，有科学家在 1995 年 7 月在日本昭和站附近的岩石缝中发现了一丛早熟禾科草本植物。这种禾草是欧洲、西伯利亚和北美等北半球常见的物种，可是在南极即使在纬度稍低的南极半岛也见不到它们的踪迹（仅在乔治王岛有过发现报道）。科学家只能怀疑是海风或是海鸟将它们的种子带到了昭和站，带到了南纬 69° 的高等植物禁区。

"我也带了许多种子，我会在昭和站培育更好的蔬菜、植物品种。"同行的渡边兴亚队长对我说，口气中带有自信的成分。

渡边先生将在昭和站越冬考察，要在南极生活一年多。昭和站是建在南极边缘基岩岛上的一个永久科学研究站，那里有相对多的藻类、地衣和苔藓生长。在昭和站建造温室，用南极稀有的太阳辐射光应该可以培育出更高水平的植物来。我相信老朋友渡边先生！

从飞鸟站再往南面的内陆走去，就是南极少有的以基岩出露为主体的山脉——索尔隆戴恩山脉。

作者在南极冰盖考察，远处是索尔隆戴恩山脉

　　索尔隆戴恩山脉的山脚下是科学家最早在南极发现并搜集"天外来客"——陨石的主要地方。这里是地质学家研究南极地质学的理想场所。日本每次的南极科学考察队，无论越冬队还是夏季队的地质组全体人员都必须造访和驻守飞鸟站，主要目的就是到附近的索尔隆戴恩山脉进行地质考察，每次都有收获。美国地质学家格鲁教授还送了一块据说是南极最古老的岩石标本给我，回国后我把它当宝贝一样珍藏在书房里，只有好朋友来了，我才取出来共同欣赏。

访问昭和站

此行我的科考任务主要在昭和站—瑞穗站之间的内陆一线。

在飞鸟站，我乘雪上摩托对附近冰面物质平衡状况进行了短期科学考察。30mile 点和飞鸟站之间的考察时间短，搜集的资料有限，只能做类比参考用。我还将 1985 年飞鸟站建站以来所有的冰川与环境的资料参数进行抄写、复印，后来在昭和站遇见的第 28 次队越冬队员冰川气象学家山内恭先生答应我，会将飞鸟、昭和、瑞穗三个日本站自建站以来所有的整编资料寄给我。回国不到两个月，我收到山内恭先生给我寄来的数十千克重的南极自建站以来的全部整编资料。

1987 年 12 月 27 日上午，我结束了飞鸟站的考察，9 时 40 分离开飞鸟站，告别了留在那里越冬的第 29 次队的 10 名队员，其中包括日本著名的极地科学家、当年飞鸟站越冬队队长矢内桂三教授。与此同时，第 28 次队 8 名越冬队队员也随我们一同返回考察船，他们将同我们一起到昭和站、瑞穗站参加考察，然后一同乘船返回日本。

返回时由于是下坡，也是空车，下午 4 时 30 分我们就回到了 30mile 点，编号为 83 的直升机已等候在那里。半小时后，我们又回到了舒适的考察船上。

12 月 28 日接到船上通知，说次日会有一架日本《朝日新闻》的采访飞机从智利经飞鸟站后飞到考察船。为此，部分自卫队员和考察队员下到海冰区整理冰面，忙乎了大半天，以方便飞机安全降落。这几天气温偏高，我们甚至可以穿着衬衣在甲板上晒太阳。海冰的厚度迅速变薄，硬度也骤然降低，几天前挖的海冰探槽已被融水灌满，《朝日新闻》的采访飞机不能在海冰上降落，只能在考察船的后甲板上降落了。

"白濑号5002"考察船具备供喷气式中小型客机起飞、降落的功能。29日上午，一架喷有"朝日新闻"字样的银灰色飞机平稳地降落在考察船上。日本人欢呼雀跃，我和老曲也很高兴，因为飞机从东京出发时为考察队员们带了不少的信件，同时还可以为我们带走要发的信件。那时还没有移动电话，也没有电子邮件，联络的主要方式是邮寄书信。

我收到了许多集邮爱好者索要由我亲笔签名的南极邮戳邮封的信件，有认识的老朋友，但绝大多数则是不认识的新朋友。他们寄来的信封内装着贴有各种纪念邮票的邮封，其中有寄纪念邮票的，有寄钱币的，也有寄来珍贵的集邮邮封的。作为感谢，我随大家到船上"邮局"盖好邮戳、签上名，再托《朝日新闻》飞机带到日本，寄给这些爱好集邮的朋友们。

我也趁此机会给家中寄去信件，按规定每人寄出的信件不能超过12克，于是我在信纸上用小字密密麻麻地写上要说的话，尽量控制一封信重量在12克之内。渡边无不幽默地悄悄告诉我："你们两个外国朋友可以适当放宽政策，多写两张没有关系。"

中国人和人打交道，总担心给别人添麻烦，何况在有明文规定的事情上更不会破格，以免让别人为难，瞧不起。尽管渡边队长出于友谊特别提出照顾，但在特殊的地方、特殊的环境里，我们应该懂得自爱和理解别人。

考察船于12月30日下午2时离开新娘湾继续向东航行，下一个停靠点将是日本在南极建立的第一个考察基地昭和站。

南极就快进入盛夏季节了，海冰变得更薄了，离南极大陆稍远的海面上海冰形态已变成漂浮的荷叶冰了。

即将融化的荷叶冰

荷叶冰大多呈圆形，冰块的边缘由于冻胀的扩张—收缩力所致，形成一圈微微翘起的形态，极像王莲叶子的样子，让人有一种置身于江南园林的错觉。海风吹拂的时候荷叶冰在水面上自由漂动，一些海豹、企鹅或蹲或卧在海冰之上，好奇地注视着我们这艘庞然大物似的考察船缓缓逼近，直到临近的时候它们才纷纷蹿入海中。别看这些极地动物在岸上动作迟缓，一旦钻入水中个个如离弦之箭，都是游泳高手。

现在考察船上除了170名自卫队官兵，还有43名第29次队队员、8名第28次队越冬队员。这8名越冬队员已完成了一年的考察任务，只等着返回日本与家人团聚，他们的心情与第29次队的队员自然不同。而冰川气象学家山内恭因为要陪我参加昭和站—瑞穗站之间的内陆科学考察，还继续辛苦地做着各项考察的工作准备。

站在船上向右侧方向望去，只见南极大陆边缘的陆棚冰从冰盖主体较陡的坡度向海面延伸而来，纵横裂隙密布冰面，犹如整装待发的军队方阵，不时有硕大的陆棚冰块跌入海水中，涌起冲天白浪，随之而来的就是巨雷般的轰鸣声。在我们的左侧方向，一些长宽数百米到数千米、高约上百米的冰山矗立在海面上。由于冰水的比重差异，那些巍峨壮观的冰山，还有九倍于海面露出部分的冰体隐藏在海面之下，有经验的航海者都会避而远之。我们乘坐的这艘装备精良的破冰船配备有先进的声呐和雷达探测仪器，一旦发现前方有"埋伏"，就会自动调整航向。

在 1988 年元旦前夕，考察船终于驶进昭和站外的海冰区。我们在船上度过了一个有特殊意义的新年。在新年庆祝会上，我们频频举杯为即将登上昭和站、进入南极内陆科学考察而祝贺。

在船上过新年固然令人兴奋、愉快，和许多初到南极的人一样，我们想尽快登上南极大陆，希望在南极多住些日子，多搜集些资料，多出些成果，实实在在地成为"南极人"。

和登陆新娘湾一样，我必须耐心地等待日方的安排。

考察船试探着缓慢地向昭和站破冰航行。

终于，考察船稳稳地停泊在距昭和站的岸边约 2000 米的海冰区。除了直升机，此次物资转运主要靠冰面运输。据估计，昭和站海冰保存的最长时间大约是一个星期。

自卫队员们最忙的时刻来到了。

从考察船抵达之日起到来年的这个季节，期间日本所有站点人员的生活所需，维护、扩建基地和内陆站的材料，以及去南极内陆考察的燃料、设备等，所有由"白濑号 5002"运来的物资，必须在一周之内从船上转运到基地。

而最繁重的就是输油工作。

船员们要将直径 10 厘米的橡皮输油管从船的出油口到基地的储油罐之间架设好。架设之前，我们冰川组和船员分别对海冰冰情做了调查，一般来说，一月份是这里气温最高的季节。海冰厚度一天一个变化，但必须保障输油管的绝对安全，一旦在输油期间海冰融化、裂开甚至变薄到某种程度，都会给输油工作带来不堪设想的后果。

按照惯例，渡边队长和本田船长先乘直升机前往基地与第28次越冬队接洽。待他们返回后，各项转运工作立即进行。

在输油工作紧锣密鼓进行的同时，冰上机械运输也迅速展开。船上的扶梯已经放到冰面上了，作业人员可以直接从扶梯下到海冰冰面上。

南极考察的夏季队，从某种意义上讲就是运输队，各国都一样。夏季队来往于国内和南极之间的旅行时间相对很长。就像这次日本第29次队，来往于远洋航行需要70天左右，到了南极大陆考察的时间十分有限。在南极停留期间除了转运物资外，还要分担基地的维护和扩建任务。

参加南极考察的队员必须是多面手，什么都会干。因为各国在南极建站时不可能带许多工程建筑人员，修房造屋、挖塘建坝、安装仪器、驾车运输，无论是体力劳动，还是一些特殊工作，多数都由考察队员来完成。

这几天的转运任务由佐藤夏雄副队长负责，我和老曲是客人，他不好意思安排我们参加体力劳动。虽然南极考察和南极站的管理具有国家属性，但从南极科学研究的成果上讲则属于国际共有，我们既然参加日本南极考察，就应该有主人翁的责任、权利和义务。

输油管已经架好，正忙着向基地输送燃油，两架直升机不停地往返于船站之间。冰面上运输多靠雪橇车，履带式汽车太重怕出意外而不敢使用。据测量，此时这里的海冰厚度为1.5～3.0米。佐藤副队长告诉我们，为了中国客人的安全，大约5～7天之后才安排我们乘直升机去昭和站考察访问。我的天，我可等不了那么长的时间！

1月3日午饭后，我在事先征得渡边队长的同意后，拉上老曲，穿好考察服，提着照相机，怀揣资料记录本，沿扶梯下到海冰冰面上，信步向昭和站走去。我想，雪橇车可以运输物资，人步行通过海冰区应该没有什么危险！

路程虽然不远，但毕竟是平生第一次在海冰区向南极大陆行走，速度不能太快，只觉得心跳比输油管中汽油流动的声音还要大，雪橇车开近时把脚下的冰层震动得忽闪忽闪地直晃悠。看着越来越近的昭和站，我心中有说不出的激动和喜悦。正沉浸在即将登岸的兴奋中，突然听见身后有高声呼叫的声音，原来是宇都太郎，他是奉佐藤夏雄副队长之命驾驶着雪上摩托专门请我们返回船上的。

我和老曲极不情愿地坐上了宇都太郎的雪上摩托，5分钟之后回到船上。

佐藤夏雄副队长站在甲板走廊上，有些生气地对我说："张先生，对不起，为了你们的安全，你们必须乘直升机登陆。冰面上危机四伏，千万不能私自行动，你们一旦出了问题就是国际问题。"

这时渡边兴亚队长从他的房间走出来，不好意思地说："对不起，张先生，你得听从佐藤队长的安排。"然后他侧过头又和佐藤夏雄用日语讲了几句，只见佐藤夏雄"嗨、嗨"地应着，直觉告诉我，说不定明后天就有好消息了。我告诉老曲，我们不用等到5～7天之后才上岛，老曲不信。

果然次日早饭后，渡边来到我们房间，说今天天晴无风，问我想不想去基地看看，任何时间都可以。我说那就午饭以后吧。

12时30分，我、老曲和渡边一起步行去昭和站。俗话说，风后暖和雪后寒，昨晚刮了一夜风，今天海冰冻得结实了一些，踩在海冰冰面上，心里也踏实了许多。

直升机繁忙地飞来飞去，输油管在油泵的作用下继续不停地向基地输送着燃油。雪橇车将一车车物资送到岸边，再用起吊车将物资吊到岸上的运输车上。空中地上，海面岸上，站上船上，到处都是一派繁忙的景象。渡边对我说今天先到站上看看，晚饭前回来，总之必须保障安全，南极考察什么事情都可能发生。

这是一个基岩岛。一条连接海岸的简易公路延伸到基地内，岛上天线林立，几个观测塔和银白色球形无线接收天线，矗立在一片红色箱式建筑群后面，在一些背阴处仍有厚厚的积雪，最厚处约1.5米，几只企鹅蹒跚地在雪坡上散步。

第28次驻站队队员和第29次队的大部分队员正在为《朝日新闻》的飞机平整机场。机场建好后，还可以为今后飞机的起降提供永久性服务。渡边告诉我，他们将在岛上修建一处永久性大型淡水水源地，将冬季积雪储存在一个水坝内，净化后作为全年站内生活用水。他说过两天将发动全体队员扩建一处越冬房，再建一座多功能卫星接收天线，问我们是否愿意参加。我说你是队长，服从安排，我们没说的。渡边说参加劳动的人将会把名字刻在天线（圆形大锅盖）建筑地基的基座之上。

昭和站广场的平台上早已升起了鲜艳的五星红旗，我们第一件事就是对着国旗照相留念。

在渡边的陪同下，我们先后参观了基地的观测房、动力房、生物学房、电离层房、气象房、地球物理房、地质房、低温实验室、暗室、车库、工作车间、卧室、厨房、餐厅。所有的建筑都架在一定高度的水泥或钢架的桩基

昭和站火山岩上密布的天线

昭和站的淡水水源地

之上，这样可以保证建筑物不因地面融冻塌陷而开裂变形，也有利于冬季积雪及时被下导风吹走不至于将房屋深埋。除个别工作用房之外，所有的站房之间都有一个全封闭的圆形走廊相互连通，目的是防风御雪，有利于越冬队员们安全地工作、生活和学习。

极地分冬半年、夏半年两个季节，或者说极地一年只有一天，半天白天，半天黑夜，不过这个"半天"相当于中低纬度的 6 个月之久！

在冬半年，极圈之内基本上都是黑夜，纬度越高冬季越长，天色越黑。在黑夜里行走，若再遇上风雪天气极容易迷失方向，发生走失的危险。在 20 世纪 70 年代有一个叫福岛绅的越冬队员，去狗舍给狗喂食，虽然狗舍距住房仅几十米之遥，却再也没有回来。

我们还参观了基地附近的湖滨宾馆。这是距离基地约 1000 米的一座比较豪华、舒适的现代化宾馆，因离蓄水湖不远，故取名为湖滨宾馆。附近共有四个小湖，都是降雪、积雪融化的积水之地。在夏季到来之前，越冬队员利用推土机将附近的积雪尽数推入湖中，以保证湖内有足够的淡水储量。

日本科学家在南极昭和站的无土栽培实验

这里有许多海鸟，有的在路边、房前散步觅食，有的在屋顶上空飞来飞去。它们不怕人，人们也不去惊扰它们，人鸟相处和谐。

在昭和站内，我们看到不少的盆栽植物，有蔬菜，有花卉，还有移栽的地衣、苔藓……除了用玻璃罩采光产生温室效应外，还备有特殊的光源灯以增加植物生长的光合作用强度和热量。

下午 3 时许，渡边有事留在站内，我和老曲步行返回考察船。分别时渡边一再强调："千万千万小心，别出问题，出了问题就是国际问题。"

大约一个小时后，我们顺利地回到船上，并向佐藤夏雄副队长报告我们已安全返回，佐藤会心地笑了，为我们的愉快旅行祝贺。

昭和站又称昭和基地，建于 1957 年，1962—1964 年因日本政府财政紧缩，曾一度关闭，1965 年重新启用。

昭和站所在的翁古尔群岛，据考察，大约在 1 万多年前的第四纪末次冰期晚冰期还被南极冰盖所覆盖，但到了冰后期，距今 3000 年前的新冰期以来，翁古尔群岛已完全脱离南极冰盖主体，成了一个基岩群岛。在翁古尔群岛上古冰川作用的遗迹比比皆是，比如：冰川擦痕、磨光面、鲸背岩（或称羊背岩）、漂砾等等，甚至连岛上作为淡水储存地的四个小湖，也是当年冰川压蚀所形成的典型冰蚀湖。

昭和站是日本南极研究的大本营，长期驻站研究的工作人员约 30 人，常规研究项目除气象观测之外，还包括生态环境、生物资源、海冰形成和融化过程、高层大气、人体生理等，并长期与美国海气局施放的 NOAA 卫星保持联系，接受该卫星监测系统向地面发送的各类资料，比如臭氧、空洞的变化，以及微量元素含量及变化，还有气象云图，是否有极地气旋过境、龙卷风的发育，海冰的面积、厚度等多方面的资料，都是由该站搜集和整编的。此外，昭和站还负责

南极的垃圾将打包运回日本国内

与飞鸟站、瑞穗站的联系及有关后勤保障供应等事宜。

当年我国只有一个长城站，它是建在南极半岛延伸到南极圈外的乔治王岛上，在南极大陆本土还没有建站，在南极学研究领域与国际水平还有相当大的差距。

随着 1989 年中山站在南极大陆上的建立，我国在最近约 30 年内无论在资料的获取还是在研究水平上都取得了举世瞩目的成果。尤其是又相继在南极冰盖内陆建立了昆仑站和泰山站，中国已经跨入世界上南极研究的第一梯队。

行进在瑞穗冰原上

瑞穗站位于南纬 70° 42'、东经 44° 20'，海拔 2230 米，是日本在 1970年建立的第二个南极站，也是一个冰盖内陆观测站，位于昭和站东南，两地相距约 300 千米。瑞穗站主要用于包括冰川、气象和高层大气物理三个专业的观测，属长期无人自动观测站，但每年至少会有一支小分队前往该区域进行线路考察，并负责取回站内各种仪器的自动观测数据资料。

瑞穗站对于日本在东南极内陆的科学考察研究尤为重要。早在 1959 年、

位于南极内陆的日本瑞穗站

考察队向南极内陆进发

1961 年和 1970 年，日本南极内陆考察先后三次都把瑞穗高原作为重点考察区和中心通过区。日本 1967—1968 年通向南极点的长途科学考察，也是从这里通过和中转的。

1970 年瑞穗站正式建站后，观测仪器、生活设施、工作环境逐步完备。1988 年我们去考察时，瑞穗站已完全有能力为我们提供比较便利的全方位服务了。瑞穗站站房建在冰下 30 多米的冰盖深处，除了安装有各类资料的自动接受系统之外，作为生活、工作所必需的取暖、通风、融冰化雪及饮水、热水供应系统的自动化程度也很高。进站前，只需将一道门内的某个电钮轻轻地按一下，站房便可以在 10 分钟内温暖如春，空气清新。站内有宿舍、活动室、阅览室、厨房、餐厅、储藏室、浴室、厕所，所有设施一应俱全。

我们决定于 1 月 7 日从破冰船乘直升机飞上冰盖。

同行一共有 6 人，我和森永由纪、藤浩明、岛田都是刚来南极的第 29 次队员，山内恭和酒井美明则是刚从飞鸟站上船的第 28 次队老队员。我们先乘直升机到达通向瑞穗高原的起点——S16（"S16"是日本队早先考察冰盖时设立的观测点编号）点冰盖冰原上，然后再分乘两辆履带式汽车前往瑞穗高原进行来回线路考察。S16 点冰面比较平缓，是直升机降落起飞的理想场地。这里有预先存放的燃油罐和汽油桶，还有必备的几辆履带式科学考察车和一些雪橇拖斗。

为了研究冰盖内陆到海岸线边缘的冰盖积累、消融、冰雪物质平衡以及相应的气象、大气物理等项目，科学家们从海岸起每隔 1000 米就埋设一根长约 3 米的测杆，在每隔 40 千米的地方还布设一个用 36 根测杆组成的测点方阵群，测点群每根测杆之间相距 20 米。这样，方阵所测得的测杆被冰雪掩埋的深度变化的平均值才能真正代表某一距离、某一海拔高度上的冰面变化的真实状况，同时还可以对那些相隔千米的测杆所测量的冰面高低变化值进行插补和修正。经过一年内数次测量，就可以得知东南极这一地域冰盖上冰雪物质在一个冬季和夏季之后到底是增加了还是减少了，或者是刚好平

瑞穗冰原上的测点方阵

衡，从而为科学家对南极冰盖未来的变化预测提供最科学的资料依据。这样的测点群又称为测点方阵。沿途的测点和这些方阵的资料，对我的考察研究至关重要。

我这次来南极的主要研究题目，正是研究瑞穗高原的冰雪物质平衡的规律和特征。

我将对 S16 点到瑞穗站、S16 点到宗谷海岸之间的全部测点、测点方阵进行来回两次的测读，然后再利用第 28 次队以及以前的历次各队测量的各点资料进行统计、分析，并对比以往日本科学家研究所得出的结论，从而获得某些新的研究进展和成果。宗谷海岸位于昭和站附近，其名称带有明显的日本文化特征。这并不奇怪，包括中国在内的各个国家，都会在南极将一些需要命名的地方赋予自己国家或者民族文化的印记。当然，这些地名是要通过相关的南极国际机构报备认可，并且要符合国际公认的《南极条约》。

为了进一步弄清过去若干年这一区域冰面物质平衡的历史演变，以及冰雪密实化过程和相应的降雪、热量状况，我还要在某些控制地点挖雪坑、取雪样、测量雪坑中各层冰雪的温度、密度和硬度，还要对雪坑中各层冰雪进行层位学描述记录。

研究冰川变化最常用、最科学的方法就是物质平衡法。现实中，往往以冰川末端是前进了还是后退了来描述冰川变化的特征，但真正科学地表示冰川的增大变小则应该从研究它们的物质平衡着手。冰川分为上游的积累区和下游的消融区，这两个区域之间有一条平衡线，也就是"雪线"。通过对雪线以上冰川的积累量和雪线以下冰川的消融量的观测、研究，最终可以获取某条冰川的冰雪物质的平衡量。如果计算出来的平衡量是正值，那么这条冰川处于前进状态；如果平衡量是负值，那么这条冰川处于退缩状态；如果平衡量为零，那么这条冰川处于不进不退的稳定状态。

此行我的工作虽然艰苦、细微，但却是最有意义的。这正是我梦寐以求的南极冰雪研究的夙愿啊。

S16 点是从宗谷海岸到冰盖瑞穗高原之间每隔 1000 米布设的测点编号之一，也就是说这是第 16 个雪面测点。S16 点到瑞穗站之间共有 130 个测点，到海岸边缘布设有 10 个测点，包括测点方阵在内，我将对 270 千米之内近500 个测点进行测读、记录，还要对被风吹折的断杆进行必要的维护，即在获取相应的资料后，将原来的测杆残体从冰雪中取出，再将随车带来的新测杆在原来的位置重新插入，在测杆的顶端用铅丝固定好红色标志旗，将露出冰面的测杆高度记录在案，以备与下次的观测数据进行比较分析。

在直升机上，我注意到海鸟进入冰盖内陆的活动范围不超过距海岸线 5千米的范畴，因为南极内陆无任何可供飞鸟生活的食物。南极不仅仅是无人类永久居住的地方，也是地球上极少有生命现象的大陆。

我们刚从直升机上下来不久，就发现一架苏联喷气式飞机降落在 S16点附近的冰面上，我们好奇地迎了过去，只见几个头戴红五星皮帽的苏联人从飞机舱梯上走了下来。我从中学到大学外语学的都是俄语，于是我便充当起临时翻译。原来这架飞机是附近苏联青年站的考察飞机，在执行任务途中燃油将尽，他们来这里是补充燃油来了。

青年站建于 1962 年，与日本昭和站相距不过 250 千米，都是建在南极大陆北沿基岩岛上的基地。

在南极考察中，不论哪国人，哪些个人或团体，一旦野外环境足以让人的生命或生活受到人为或自然条件威胁时，都可以就近获得必要的救助和补充。日本在 S16 点储存了一定数量的燃油，包括飞机用油。虽然接触之初，苏联人有些尴尬，但随着我的翻译，大家便像老朋友似的谈笑风生，又是互赠礼品，又是合影留念。我们还被邀请进入苏联机舱参观了一番，这可是我第一次进入驾驶室，还拍照留念了呢。

当我向他们介绍我是一位中国"达瓦里希"（俄语"同志"的意思）时，

考察队在南极冰原上与苏联人偶遇

几个苏联小伙子跑过来紧紧地拥抱我，机长还摘下他皮帽上面的红五角星送给我，另一个小伙子从飞机上取下一双长筒皮靴送给我，并祝我考察顺利，一路平安。

我们取出红酒，大家共同举杯，庆祝我们的相逢。

在分手时，我们从汽车中取出一箱日本清酒和一瓶我从中国带来的贵州茅台酒送给了苏联朋友。苏联人给飞机加满了航空汽油，登上飞机挥手告别，然后腾空而去。

送走了苏联人，山内恭和酒井美明去维护在S16点停放已久的汽车。我先对S16点的测点方阵进行了测量，然后用铁锹挖雪坑，开始了对瑞穗高原的科学考察。

挖雪坑，在中国西部山地冰川上是一项十分艰巨的体力劳动。尽管中国西部山高，但绝大部分冰川积累区的雪层结构因有大量的融化渗浸再冻结而变得十分紧致密实，挖一个1～5米深的雪坑，需要几个棒小伙花上半天

作者在瑞穗高原记录雪层剖面

的工夫呢。相比之下，在南极的积累带挖雪坑简直是一种享受，因为一铁锨下去，30～50厘米深的一大块轻飘飘的粒雪块便轻而易举地被剥离下来。即使在中国最寒冷的西昆仑山冰川粒雪盆地的粒雪层，也没有这么松软酥脆。

西昆仑山冰川属大陆性山地冰川，冰温达到－16℃，积累区很少发生融化，降下的雪晶主要靠重力作用进行重结晶变质成冰。

世界上任何物质结构的紧密程度或者说密实程度，都与温度、压力相关。当一种物质在常压下，当温度下降时，其结构能力降低。当时 S16 点附近的冰温为－20℃左右，低于中国西昆仑现代冰川积累区的冰雪层温度，所以不到一小时，我便挖出了一个深 3 米、长宽为 2×3 米的大雪坑。据此推定，越往内陆高原走，雪层温度越低，雪坑也越好挖。

森永由纪见我一会儿工夫便神秘地不见人影了，一边叫着我的名字一边寻找，发现我已经开始踩着挖雪坑留置的"雪梯"进行雪层剖面的描述记录和搜集各层冰雪样品时，调侃地说："张先生真是一位冰川考察的魔术师！"

测点方阵的测量并不复杂，只需将每根测杆按顺序编号用钢尺把露出雪面的高度准确地测量并记录下来，等返回时再逐一重新测量，然后进行逐点对比，便可获得短期的变化资料。之后再与几个月前或一年前、两年前或三年前的记录进行比较，便可获得该处冰雪面变化的中长期资料。

当天晚饭时，大家都特别高兴。

车内一切自动设施都已调试完毕。车内分上下铺，食物、饮料等生活用品，样样俱全。我和山内、森永被安排在一组，同乘一辆车；酒井、藤浩明、岛田编为一组,乘另一辆车。

我自告奋勇为大家做了一道青椒醋熘土豆片,森永吃后赞不绝口,说中国朋友能把食物做成美味佳肴。她取出一包昭和站温室产的黄瓜分给每人两根,那黄瓜吃起来别有风味。

当天晚上,我睡得特别香甜。

南极的晚上,太阳只是在午夜时分靠西边的地平线近一些而已。不少人用固定相机定时曝光把南极一天太阳的运行轨迹拍摄下来,画面恰似罩在南极上空一个略微倾斜的光亮圆圈。

第二天一早我还在睡梦中,山内先生便起床将汽车引擎点燃,大约 10 分钟后,他熟练地将车向

日本南极考察车

作者乘坐的南极考察车

前开出 50 米,然后又退回来,如是者三,之后又左转三次,右转三次。这种出发前的车辆试运行,在南极长距离内陆考察中是必不可少的,一是对车辆有热身效果,二是万一出现机械等故障便于就地修理。

我们这组的汽车车厢上印有“518 日本南极地域观测队”的字样。

在南极冰盖上驾车行驶既是一种探险,更是一种享受。

在飞鸟站、30mile 点考察时,我曾驾驶雪上摩托考察附近的冰面情况,在下坡时一阵吹雪迷了眼睛,一个急刹车,连人带车来了个前滚翻,差点栽进一道深不见底的冰裂缝中,好在我双手把摩托抓得很紧,摩托车是履带式

的，翻滚度不大，但想起来挺后怕的。

相比之下，在冰原上开履带式汽车就平稳、舒适多了。

头两天是两位日本朋友开车，我不停地观测、记录着前方和两侧冰原上的地貌状况，发现一路上被南极下导风吹成的跪雪丘和新月形构造的劈理坑（冰川在运动时形成的特殊纹理，极像用砍刀劈树时留下的痕迹，一般低于冰面，呈坑状）比比皆是，随处可见。前行的路上隐隐有以前考察时留下的车辙，车上有自动指南定位系统导航，前方还有许多半埋进冰雪之中的大汽油桶作指示路标，因此可以保证不会走错路。

我们先沿着编号为 S 的路线考察，当行进到南纬 69°03'11"、东经 40°42'13" 时，海拔已从 S16 点的 554 米上升到 988 米，从这里开始我们将偏离 S 编号的路线，沿 H 路线考察。当行进至 H3 点时，车后的雪橇拖斗突然脱钩，幸亏车速不快，未造成任何损失。当车行驶到距海岸约 90 千米的 H108 点，海拔已是 1309 米高度，发现一只海鸥正在空中盘旋，森永说这一定是一只馋鸟，闻见我们车上有好吃的就跟踪而来，可是我们得履行《南极条约》，不能主动投食。南极动物在漫长的生物演化进程中形成了自然的食物链，如果人类随意喂食，容易引发疾病，甚至会给这些南极生物群落造成灾难性影响。

一些测杆上面的标志旗被风吹刮成了星条旗，为了方便下次来这里考察的队员，我们每到一处还要给测杆顶端换上新的红色小旗。"与人方便，自己方便。"极地考察秉承了这一优良传统。在这生命禁地，人类将亲和力发挥到了极致。

从海拔 1000 米以上的地段挖出的雪坑剖面看，这里的雪层中除了风壳外，都是硬度很小的干雪，南极的阳光微弱到不能使这一带的积雪发生些微的融化现象。一旦雪层中有融化产生，其融化水旋即会被周围的雪层吸收，产生所谓渗浸—冻结现象，要是融水稍多还会有再冻结现象发生而成为透镜

134

状冰体或冰片。这些变质冰体的存在与否，一方面反映了当时热交换的环境背景，同时也决定了雪层中雪的平均硬度的大小。从雪的成冰过程来看，融化程度越高，成冰速度也就越快。南极冰盖，尤其是内陆冰盖上层的积雪绝大部分都没有融化的热量条件，由雪变成冰的过程十分缓慢，仅仅靠雪层自身的重力迫使雪晶密实变质，据研究，最长需要数百年之久。

从 H130 点开始，由我驾驶汽车继续沿 H 路线向内陆高原驶去。我对路线不熟，就由酒井先生驾驶着另一辆车在前面开道，我紧随其后。

下午 6 时 30 分，我们由 H231 点开始转向"E"路线行进。

1 月 10 日下午 5 时，我们抵达南纬 70° 20' 附近的 E30 点，这里海拔已超过 2000 米，距昭和站大约 220 千米，我们距瑞穗站不远了。

车一停下，我就下车忙着测量测杆数据，挖雪坑，采集样品，虽然已近黄昏，太阳却没有一点落入地平线的意思。

《朝日新闻》的记者乘飞机追踪采访，采访对象主要是日本队员，尤其是森永由纪博士，她是日本派往南极考察历史上唯一的女队员。

同行的日本人告诉我，由于长时间脱离原工作单位，森永博士回国后，原单位的工作会失去，她不得不面临失业或重新应聘的窘况。一旦结婚，甚至连应聘的资格都没有。尽管她是博士研究生，还到过南极，也不会例外。最好的工作就是当家庭妇女，伺候丈夫，带孩子。

但我相信森永由纪不会那样，因为她的确是一位非常优秀的女科学家的苗子。

《朝日新闻》的记者也对我进行了采访。

我告诉他们，作为一名中国冰川研究的科学工作者，我还想去中国长城站考察，希望在不久的将来，中国能在南极圈以内的南极大陆建立科学考察站，我还希望有机会去北极考察。我这三个愿望，后来都实现了。

记者高桥先生说他去过中国许多次，说北京地理研究所的杨逸畴教授陪他们走过川藏公路。我告诉他杨逸畴是我的好朋友，是一位值得钦佩的兄长。高桥很兴奋，他说有机会还想再赴西藏，说中国的山山水水就和中华民族一样伟大、气势磅礴。

第二天，也就是1月11日凌晨零时30分，我们抵达海拔2133米的E72点。这里距Sl6点有226千米。在这里，我们遇上了强烈的风吹雪。

所谓风吹雪，和暴风雪是完全不同的两个气象概念。暴风雪是指来自空中对流云层的大气降雪并伴有强烈风暴的天气过程。而风吹雪则是指地表积雪在大风或暴风动力作用下再分配、再搬运的天气过程。风吹雪是南极内陆冰盖表层冰雪物质空间再分配的重要方式，风吹雪对南极大陆考察具有较大的危害性。

虽说是凌晨，天色仍然亮如白昼。突然，在汽车的前方出现了一层白雾状的东西。这些白色雾状物质在临近汽车时分别从车子的底部和两侧急速飞流而过，部分物质在汽车的阻滞下迅疾上升并敲打在车子的挡风玻璃上，噼噼啪啪地响，像冰雹，像沙石，更像炸鞭炮。原来我们遇到南极内陆最常见的风吹雪了。

风吹雪的到来，往往使所过之处的气温骤降十几摄氏度或几十摄氏度，同时，强大的风雪流可以将汽车、帐篷甚至人刮倒吹走或者堆埋起来。前方瞬间变得混沌不清。

遇到这种灾害性天气，最好的办法就是原地宿营，采取一切措施，比如将汽车停靠到尽可能避风的位置和受损最小的方向。要是搭帐篷，除了选择最佳方向和地理位置之外，还要超强加固。既要利用现有的器械物资，比如所在地的汽车、铁塔等作为遮挡物，同时也要考虑到万一重物倾斜、倒塌可能带来的更大危害。

于是，我们把两辆汽车头靠头呈尖状停靠，以避免汽车受损，同时可以让迎面而来的风吹雪分流减速，让紧随其后的雪橇拖斗避免受风吹雪的

南极风吹雪现场

影响。

按照这几天的工作习惯，一停车我首先想到的就是寻找附近的测杆测量雪面变化高度，然后以最快的速度挖雪坑、采雪样、量雪层剖面……

当我刚一打开车门，一股雪流伴着寒气直涌而入。我赶紧关上车门，退回车内。山内恭先生和森永由纪博士不约而同地告诉我，今天的风吹雪才刚刚开始，到底能发展到什么程度，只有静观其变。透过车窗，只见另一辆车上的同伴也在做鬼脸，酒井故意做龇牙咧嘴状，让人觉得既可笑又可爱。

尽管因风雪受阻，但车内温暖融融。只见车外风吹雪愈刮愈烈，开始仅仅是接近地面流动，后来变成一堵墙似的连风带雪一浪高过一浪，猛烈地摇撼着车身。多亏铸铁履带齿盘将车体牢牢地固定在冰面上，再加上两车停放呈尖角状有利于风吹雪的分流，尽管车身有明显的摇动感觉，但我们心中有数，一般不会出现车辆被吹翻刮走的情况。至于车后的雪橇拖斗，因车厢低矮，有极高的稳定性，也不愁被吹翻刮走。才一会儿工夫，透过后窗玻璃看车后的雪橇拖斗，几乎被风雪流掩埋得看不见踪影了。

工作不成，那就先解决吃饭问题。

晚餐是丰富的。按预先列好的食谱，有红烧牛肉汤、烤鱼、生鸡蛋拌大米饭、小桶方便面、牛奶、苹果、橘子、鲜黄瓜，饮料有啤酒、日本清酒、红茶、咖啡，当然都是随意自助的。

说到这里，我就想起常常有人问这样一个问题：在南北极考察都吃些什么呀？这是一个不太好回答的问题。要是早年在发现和进入南极、北极的过程中，那时交通工具、食物供应等都会遇到许多困难。现在的南北极科学考察，多是国家行为，有政府强有力的后援支持，有商家的全力赞助，如果没有意想不到的状况出现，一般不会出现食物缺乏、装备不到位的情况。就我自身的冰川考察体会而言，条件最艰苦的还是在国内，尤其是在青藏高原。那里高寒缺氧，有冰川的地方几乎都没有道路可寻，物资运输多是人背马驮，几个月考察下来，严寒的天气会让人多处冻伤，强烈的太阳辐射会使人多处灼伤，稀薄的空气会让人心律不齐，冰雪面的阳光反射甚至会造成严重的色盲症。每次从冰川上归来，满脸的紫黑满脸的硬壳，长长的头发，红红的眼睛，粗糙的皮肤，突然一照镜子连自己都不敢认自己了。至于食品供应，哪里能与南北极考察相提并论！20世纪七八十年代，在国内冰川考察中，几十天吃不上蔬菜、水果乃是常事。什么叫卧雪尝冰？什么叫天寒地冻？那正是我在青藏高原、在天山、在喀喇昆仑山等地冰川考察时的切身体会！而在南极，除了主峰文森峰附近，至少没有中国西部冰川区那样的缺氧高山反应。南极最高点是位于西南极半岛的文森峰，海拔5140米。此外，南极大陆绝大部分区域海拔均处于3500米，南极点海拔高度2804米。这样的高度对于多数健康人来说都不会有不适反应，尤其是类似我国长城站和中山站、日本昭和站等这样的南极边缘站而言，海拔都在10～50米，面临海洋，负氧离子含量多，绝对不缺氧气。

不过对于我而言，无论南北极还是青藏高原，都是冰川科学考察的福地，无论条件艰苦还是优越，都是我梦寐以求难得的机会。

我一边吃着品种多样、营养丰富的南极晚餐，一边品味着冒热气的咖啡，心里默默地希望风吹雪早点过去，哪怕风力变小一点也行！可是听那窗外呼啸的气势，一时半会不可能停下来，我们只好躺下休息。在大自然面前，人类最聪明的办法是"顺应"，实在不行，那就像对付山地泥石流一样"避开为宜"！

大约凌晨5点钟，我睁开眼睛，感觉车身不怎么摇晃，判断风吹雪的强势已经过去。我轻手轻脚地穿好衣服，背上背包，戴上防雪眼镜，拿着工具，开门下了汽车，发现汽车和雪橇拖斗附近堆起了又高又厚的雪丘，这是一夜风吹雪的"功劳"。我自然不会放弃这难得的搜集资料的好时机！我先量了积雪厚度和密度，用数字式探头温度表测量了雪堆的温度——$-33℃$，用含水仪测量了雪堆的湿度——湿度几乎为零，采集了样品，打算先将样品送回车内再去附近挖雪坑、测标杆。当我打开车门时，发现对面床上的森永由纪和上铺的山内恭教授早在我之前已经出去工作了。看来他们和我一样，在这风雪交加的夜里，心里想的也是工作啊！虽然南极不像青藏高原缺氧那么艰苦，但由于在地球的极端地区，真是天之涯、海之角，在20世纪80年代能来南极考察的人毕竟是凤毛麟角，谁都会抓紧分分秒秒去工作！

这一天，在E72点，我们一直工作到上午11时30

在瑞穗冰原考察途中

在考察间隙的休息

分，除搜集常规资料外，还对风吹雪形成的跪雪丘、劈理坑、风吹雪结束后的雪温、气温等进行了采集、记录。尽管我的耳朵和手指差点被冻伤，但却有"大获全胜"的感觉。

风吹雪过后，气温骤降至 -35℃！回到车内休息时，头疼得像要裂开似的，那感觉和严重缺氧时的高山反应不相上下！凭借几十年的考察经验，我知道，这是由于人体处于极度低温环境中脑供血严重不足的反应。为了防止被冻伤，我捧起冰冷的积雪反复搓擦面部、耳朵和双手，直到有明显的舒缓感觉为止。

1月12日早上风吹雪又起，时大时小，车内构件结合部也生出了许多霜花，外面的能见度太低，最远不过100米，车前车后的地形地貌也变得模糊不清。汽车的前面被掏出深50厘米、宽4米、长1米的深槽，车后在昨天堆雪的旁边又堆起了1米高、2米宽、15米长的雪丘。大约到了上午10点，能见度才稍微好转，我们决定继续前行。下午14时50分，我们终于抵达海拔 2230 米的瑞穗站。

日本南极瑞穗站建于 1970 年。

远远望去，在一个冰雪高坡后面隐隐约约有密布的天线和观测铁塔，高低错落，似乎是一个城镇的边缘。但理智告诉我，那里除了无人观测的各种仪器设施之外，就是深埋于冰下的宽敞的站房，还有一处就是钻取了 700 米深的钻孔遗址。

因为是无人观测站，按照《南极条约》，既不升中国国旗，也不升日本国旗，所以我们只在标有"瑞穗站"（みずほ基地）标识的站牌前留影纪念。山内先生按图索骥找到地下建筑的入口，刨去厚厚的积雪，打开厚厚的第一道隔离门，沿着结满霜花的木制扶梯深入数十米，再打开第二道门，山内开启了电源开关，里面顿时灯火通明，空调也开始工作了。

进站后，我们立即开始各种自动仪器的资料采集回收工作。工作之余，

南极瑞穗站的观测塔

我参观了站内所有的房间、设施，感觉和平时到了宾馆、酒店没多大差别。几个拐弯后我来到一个食品储藏室，只见各种饮料、牛奶、水果、方便食品、罐头分别存放在挖成一层层一龛龛的冰雪台阶、冰雪通道中，这才突然想起，自己是在南极瑞穗高原几十米以下被冰雪包围的瑞穗无人观测站内！

有了站房做依托，我们就有恃无恐了。这里地势高，不怕被风吹雪掩埋，天气好了就出外工作，天气不好就钻进"冰洞"站休息、整理资料、翻阅文献、撰写日记。据说站内的食品、油料储存足够10个人用一年以上，这还不包括此次我们带来的各类食品、物资的补充。

到达瑞穗观测站后，我们齐心协力帮助森永由纪博士建立了一座高10米多的气象观测塔。观测塔全是组装构件，按图施工，在日本出发前我们已经拆装演练过，因此安装并不太费工夫，5个小时便安装成功。

森永由纪以前去过喜马拉雅山南坡的尼泊尔，在那里日本设有冰川观测站，不少日本冰川和气象学专业的年轻人都去过那

气象观测塔

142

里。中国的青藏高原是世界上地学、生物学等多种学科研究的天堂。日本朋友说中国改革开放后，不仅对中国经济的发展大有好处，对世界许多领域的合作、科学研究、学术交流都会起到强有力的促进和推动作用。日本的冰川环境研究人员除了南北两极，最感兴趣、最向往的就是中国的青藏高原。

在瑞穗站周围挖雪坑，采冰雪样品，必须考虑到建站过程中和建站之后多次考察对冰雪面带来的巨大的人为影响，因此我选择雪坑的位置颇费了一番心思。

根据山内先生的回忆和现场考察，我选定在瑞穗站东南侧较平缓但没有受过人为影响的地方布设了两个雪坑观测、采样场地，两个雪坑相距20米。

为什么要选两处雪坑作为雪层观测地呢？这是考虑到如果两个雪坑中的雪层剖面的层序、层间距离、粒雪硬度等绝大多数物理、几何、空间特征十分吻合，那就说明所选区域的雪面和雪坑雪层的确未曾受到人为影响，所获得的信息资料才能真正代表这里的地理环境规律和特征，否则还得另觅新址。

瑞穗站地处高原，晴天也有风，一年中无风日几乎没有。为了保证测量、采样工作的顺利进行，在开始挖雪坑的时候，将挖出的雪块在雪坑的迎风面砌起一道矮墙，然后再继续向下掘进……

两个雪坑都深达4米多，雪层层位彼此呼应，说明这里的原始环境一直没有受到人为破坏。

我不仅记录了两个雪坑中所观测到的详细资料，还采集到50瓶100毫升装的雪层样品。挖雪坑工作结束后，我又对瑞穗站测点方阵的36根测杆进行了最后一次测量（来的时候测过一次，中间测过一次），并向山内先生索要了该站自1970年建站以来的所有地面和高空大气资料。山内先生友好地告诉我，等我回国之后还需要什么资料，随时来信，他会如数提供。

作者在瑞穗站观测雪层剖面

所有工作顺利结束后，考察组全体成员轮流和我以雪坑为背景合影留念，他们为中国科学家认真、负责和科学的工作作风所钦佩，也为我不辞辛苦的工作态度所感动。

这一天是1988年1月14日（农历1987年腊月24日），正好是我42岁的生日。我的生日能在南极大陆的冰原上度过，而且是南极考察中最忙、最累、收获最多的一天，我感到十分欣慰。

我没有告诉任何人，只在心底默默地祝福自己！

南极冰盖

南极拥有地球上最大的冰盖，由此也就繁衍出许许多多的"世界之最"。南极是世界上最大的"冷库"。

地球上面积最大的是海洋，除了北冰洋和南极周围的洋面是冰封的水体之外，90%以上的海洋都是水温高于 $0°C$ 的液态水。那一望无际的南极冰盖长年处于 $-30℃$ 以下的冰冻状态，就像大自然安放在地球上的一个巨大的冰箱。正是这个大冰箱，年复一年地调节着人类和无数生命赖以生存的地球的气候环境。要是气候变暖了，气温上升了，南极冰盖就责无旁贷地用增加冰雪物质的消融去消耗气温升高的热量，在一定程度上抑制地球气温的持续升高，以免地球环境变得更温暖。要是地球气候变冷，气温骤然下降得让不少动物大迁移，植物来不及适应冷酷的气候环境濒临灭绝的时候，南极冰盖便会以减少融化，增厚增大冰雪的体积和长度来阻止气候的进一步变冷，让更多的热量去温暖那些因寒冷而可能失去生命的动植物。当然，和南极冰盖起着同样作用的，还有北极的格陵兰冰盖，还有诸如我国青藏高原、天山、昆仑山的山岳冰川和面积更广阔的海洋水体。如果地球上没有南极，没有南极大冰盖"冷库"的存在，人类和绝大多数地球生命体的生存、发展都要面临更严酷的挑战。

在冬季，南极冰盖上的气温一般都在 $-40℃$ 以下，许多海拔超过1000

米的冰盖内陆气温更低，达到-60℃以下。在东南极的苏联东方站曾出现过-89.2℃的极低气温的记录。在冬季的南极冰盖上，呼出的二氧化碳随即可以结成白色的干冰！

南极还是世界上最大的淡水固体"水库"。

面积达1400余万平方千米，平均厚度在2000米以上（南极冰盖最厚可达4200米）的南极冰盖，蕴藏着多少固态水体啊！前面曾提及，如果南北极冰盖全被融化，世界上的海洋将要上升50～70米！可见南极冰盖拥有多么巨大的淡水资源。

由于冰川的运动，每年都有上亿吨的南极冰体在南极的边缘处断裂而跌入大洋中形成巍峨壮观的"冰山"。这些冰山随着北上的洋流慢慢地消失在广阔的太平洋、印度洋和大西洋中，成为海水补给的重要来源。一些中低纬度的沙漠干旱国家曾设想将这些冰山"拖"到近海，融化后解决水资源稀缺的问题。

南极还是世界上最大的大陆"风库"。

由于南极冰盖中心高，四周低，中心冷，四周相对要暖和一些，因此四周的热空气上升聚集到南极中心的上空再下沉加密。密实的下沉气体下降到冰盖表面后必然沿着冰面再向四周扩散开去，于是便形成了长年不断的下导风。源源不断的南极下导风形成的风吹雪，给南极科学考察带来不少困难和麻烦，也为南极冰雪物质的迁移流动增加了动力来源。

有科学家研究计算，要是将南极的风能有效地利用起来，相当于我国5个三峡大坝所蕴藏的发电量！

如果南极风库的能量被人为控制用于能源生产，不仅能极大地补充地球上干净无污染的再生能源，还可以最大限度地保持南极冰盖的稳定性，因为被"锁"住的风能从此不会以大量下导风的形式吹动冰雪物质过快地向南极边缘流动，南极冰盖的厚度将会变得更厚，面积也会变得更大，当然南极本身的固体水库和最大冷库效应也会进一步得到加强。

南极还是科学家心目中难得的地球环境演化的"信息库"。而这个信息库中诸多信息的提取源，便是近年来越来越受关注的南极冰芯。

众所周知，任何冰川的形成都是由于来自大气中的水分凝结所形成的雪花降落到地面上，一层又一层叠加变质成为冰川的。就在雪花形成的过程中，大气中许多环境信息必然注入其中。在水汽变成雪，雪再变成冰，冰在一层一层沉积的过程中，诸如二氧化碳、氧同位素，还有不少的微量元素、矿物微粒都被有序地保留在冰层之中。如果科学家将厚度达几千米的冰层冰芯全数钻取出来，再通过物理、化学、生物学、矿物学等手段，将会获得许多与冰雪层序变化相关的图形或曲线。通过这些图形或曲线，再同地球上别的信息，比如海洋沉积、湖相沉积、树木年轮等资料对比，就可以比较准确地获得地球地质历史阶段气候、环境变化的信息，从而进一步加深人类对地球历史的认知，因此将南极冰芯比作地球历史变化的"史记"一点也不为过。

到目前为止，在南极冰盖钻取的最著名的冰芯仍然要数苏联东方站钻取的深达 3623 米的冰芯。该冰芯涵盖的地质历史长达 45 万年！从这支冰芯中所含氧同位素、二氧化碳浓度以及铝、钠等元素的含量变化曲线，可以清楚地看出，在地球历史中的气温波动幅度曾经达到 6℃～10℃ 的变化范围，在地球处于间冰期时，二氧化碳在空气中的含量比近 300 年以来人类工业化产生的浓度还要高。

1984 年日本科学家在瑞穗站用热力钻机获取了一支深达 700 米的冰芯。1996 年在渡边兴亚领导下，日本科学家又在瑞穗站西南约 1000 千米的富士冰穹站用液封式打钻机成功地获取了 2503 米深的冰芯。

以前在国内各大高山和青藏高原冰川区考察时，常常利用冰川退缩后遗留下来的冰川侵蚀地貌和堆积地貌，划分出自第四纪以来在我国曾经出现

南极内陆冰芯的钻取

瑞穗站冰芯采集点

过三次大的冰期和冰期之间的温暖期，也就是所谓的间冰期。最早的一次冰期，按国际习惯称作明德冰期；中间一次叫作里斯冰期；最晚一次，也就是距今12000年以前结束的冰期叫作玉木冰期。而最近1万年以来又叫作冰后期。在1万年以来的冰后期中，地球上还发生过两次小的低温时期。一次是距今3000年以前，我们称为新冰期；一次发生在300年以前，我们称为小冰期。

令人兴奋的是，在南极东方站钻取的3623米冰芯中获得的信息表明，距今45万年以来地球上的确经历过至少两三次大的冰期和冰期之间的间冰期。

而日本瑞穗站的700米冰芯和富士冰穹站的2503米冰芯，以及在北极格陵兰冰盖世纪营地站钻取的冰芯，都比较准确地反映出人类有文字记载以来气候环境的大变化。比如工业革命300年以来北极地区冰雪中的pH值酸性程度持续增大，这是因为煤炭等燃料的燃烧引起的大气中二氧化碳、二氧化硫浓度的急剧上升，还有因为大量石油的开采、利用引起的二氧化氮在空气中含量的大量增加。每支冰芯中的信息都毫不例外地显示出20世纪六七十年代是世界大气污染的高峰期。

148

虽然我一直坚持有南极冰盖、格陵兰冰盖，以及占地球表面积 70% 的海洋水体的存在，将会抑制目前多数人担心的气候持续变暖甚至人类可能面临大灾害的说法，但从南极冰芯中获得的许多信息明确地告诉我们，由于人类无限制的索取，人类对大自然的无端破坏，人类将会面临由自己带来的严重后果。在人类获得高度文明的同时，必将受到地球气候环境恶变的严厉惩处，也许这惩处的对象不是我们这一代，甚至也不是我们的下一代，但是人类的未来将会承受我们这些人给他们积淀的恶果！

当我整理好站内事务，再次来到地面观测场，包括雪坑现场检查，每次观测完毕必须将挖出的冰雪完全回填、平整，以防给别的考察人员、车辆造成麻烦，哪怕是一片糖纸也不能留在冰面上。站内所有的生活垃圾全部被打包装入雪橇拖斗，带回考察船后进行集中处理。

1988 年 1 月 15 日，关闭了瑞穗无人观测站的电源和通道大门后，我们依依不舍地离开了这个令人留恋的南极内陆站。上车前，我向着更南的方向——南极点，凝望了整整 5 分钟。我想，等到中国国力强盛了，将会在南极大陆建站，派出更年轻、更有实力的科学研究队伍，也许还会沿着我们这次走过的路线，继续向南极大陆的腹地，向着南极的极点穿行考察，为南极研究做出应有的贡献。

在返回的路上，我们对各测点和测点方阵进行了再次测量。

在南极考察中，我对能够取得的资料尽量搜集，不厌其烦地反复核对资料。这是科研人员必备的责任。当然，也是因为在南极考察并不是说来就能来的事，不少地方再来第二次的可能性几乎为零，要想补点或核实数据根本是不可能的事情。

也许是任务完成了，有一种如释重负的轻松感吧，在中途休息时，我时不时会听到冰面上发出阵阵的胀裂声（有人称之为"缩裂声"），时而似轻音乐，时而像流行曲，时而又像窃窃私语，时而又像玉佩的碰鸣声。这种

南极冰盖上的热力裂缝

胀裂声，如果不注意听，极可能会失之交臂；但要刻意地去寻找，又不知道它来自何方。

南极冰盖的"胀裂声"实质上就是当季节变换时，冰盖上部活动层冰雪物质变热或变冷时的一种物理反应。任何物质当温度发生变化时都会有胀缩效应，即便是负温状态下的冰雪体也不会违背这种规律。当它们发生热胀冷缩的时候，致密的冰雪体彼此发生碰撞、挤压甚至断裂，就会发出一组组令人愉悦的美妙声音来。

在往返瑞穗高原途中，我还观察到许多大大小小的热力裂缝，这便是冰盖上年复一年由于热胀冷缩效应产生的构造地貌景观。

我提出暂时不返回考察船和昭和站的要求，因为从 Sl6 点到冰盖边缘海岸线的物质平衡资料还未搜集到。从 Sl6 点到海边 25 千米的距离内，海拔由 600 米降到 0 米，活动层冰温也由 Sl6 点的 –10℃ 以下升高到 0℃ 左右。按南极冰盖的成冰带分布，S16 点到海边绝大部分地区当属蓝冰区。机会难得，我必须完成对蓝冰区的考察。

正在昭和站指挥扩建工程的渡边队长得知我的请求后，表示一定安排，并说次日乘直升机来 S16 点，陪我一同去宗谷海岸的 "Tottsuki 点" 去考察。
Tottsuki 点（意思是 "起点"）是 S16 点到海岸边缘观测物质平衡的终点，
那里设有多种学科的观测仪器场。

在 S16 点观测完测点方阵，整理完当天的工作日记后，我走下汽车，
举目向北望去，只见在冰海相接的地方出现了许多时隐时现的高楼大厦，在
高楼的两侧隐约可见阡陌纵横的田园村庄，一时间，我陷入了迷惑之中，明
明是在南极，怎么会产生幻觉呢？我知道这次不是梦，因为视野中的景物活
灵活现！

我将自己的发现告诉了正在准备晚餐的山内恭先生，他说那是冰山和
冰山附近的海冰区。我梳理了半天思绪，才确认那是冰山而并非城市、田野。

冰川冰是由积雪慢慢变质而成的。地球上的冰大致可分为两种：一种

从南极大陆看冰山

151

是常见的水冻冰，比如河冰、湖冰、海冰，家中冰箱中的冰块等等，都是由液态水降温成0℃之后结成的冰。另一种冰便是冰川冰了。冰川各部位由于所处地理环境的差异，会出现不同的成冰带，在冰川积累区没有任何消融的地方由积雪在重力作用下产生的成冰类型称为"重力重结晶成冰带"，在有重力又有融化渗浸作用的成冰类型称为"渗浸重力重结晶带"。此外，还有渗浸冻结成冰带、冷渗浸重结晶带、暖渗浸重结晶带等等。到了冰川中下游，尤其像南极冰盖边缘，在漫长的夏季冰川发生融化，可是到了冬半年，那些融化后来不及流走的冰川融水又被冻结覆盖在冰面上，年复一年，便形成所谓的蓝冰带。

第二天上午8时20分，渡边兴亚队长和佐藤夏雄副队长乘直升机来到S16点，同机到达的还有相关专业的十多个人，基本上都是第28次队的队员，他们在结束工作之前要去Tottsuki点取回最新的资料。

我们一个跟一个，鱼贯而行，沿着S16点测杆指示的方向向海边考察，我除了观测沿途测杆所标识的冰雪面变化外，还要观测雪层剖面。走出约2000米距离后，我们发现积雪越来越少，呈现在面前的全是蓝莹莹、硬邦邦的冰川冰——我们来到了宗谷海岸附近的蓝冰带。

蓝冰带位于南极冰盖的边缘，这里海拔多在500米以下，夏季最热的时候近冰面气温可以达到0℃～5℃，有时受海冰消融后海面温热效应的影响，蓝冰带冬半年的积雪很快就被融化罄尽。融化的冰雪水将冰面冲蚀成时明时暗的冰面河和冰下河，泛白的消融壳千姿百态，呈现出各种各样的鸟兽形状，行走在其间，真让人不忍下脚。

在Tottsuki点的基岩裸露区，我们观测到有稀稀落落的地衣、苔藓和藻类生长。它们和近海的海兽、鱼以及各种海鸟共同组成了南极洲的生态环境系统。

在Tottsuki点一个岩石洼地上，我采集到一块苔藓标本，后来带到考察

南极冰川退缩后出现的裸地

船我住的房间内，将它养在一个小瓶中，由于船舱内热量丰富，这块标本几天内生长十分迅速。按规定，在南极采集的任何生物标本都要经过海关检疫部门的检疫认定，于是我将标本移交给日本生物学家，他们通过特殊的方法将标本进行处理后还给我，回到北京后我将标本移交给了相关研究部门。

在离开 Tottsuki 点返回蓝冰带的时候，我掉进了一道被消融壳覆盖的暗裂隙，幸亏那时我还年轻，平时又喜欢体育运动，只听我"哎呀"一声，两只脚已经掉进深不见底的冰裂缝中，我顺势将手中的冰镐横过来，在我身体下沉的一刹那，冰镐已经横在裂隙的边缘上，另一只手下意识地抓住冰裂隙边缘一个突起的地方，吓得走在我前面的渡边兴亚队长急忙回身抓住我的手，走在后面的山内恭先生也赶上来，两人一起把我从裂隙中拽了出来。

我的长筒靴里已灌满了水，这可不是冰水，而是海水，我掉下去的裂隙直通南大洋。后来才知道，那一带的海水足有 1000 多米深！

我在掉下去的那一刻，第一感觉是："糟糕，我怎么掉到海里去了？"第二感觉是："千万别碰到了鲨鱼，要是两只腿被鲨鱼咬断怎么办？没有腿，还怎么再去考察冰川呢？"其实，南极海最多的大型动物是体积庞大的须鲸，还未见过有关鲨鱼的报道呢！

"张先生，要小心啊！你出了问题可是国际问题啊！"渡边队长半开玩笑半认真地对我说。

1 月 20 日上午 8 时 50 分，我们在 S16 点乘直升机返回"白濑号 5002"破冰考察船，中途经停昭和站时渡边队长和佐藤副队长下了飞机。

时隔半个月，昭和站附近的海冰已全部融化，以前可以步行、载物的冰面现在已成一片汪洋，偶尔有几片冰块漂浮其中，一些海豹、企鹅在浮冰上翻滚玩耍，怡然自得。考察船已开到距此 30 多千米海冰未化的地方抛锚停靠。

海冰的冰温不高。从理论上讲，冰水共存的时候，冰和水的温度等同，但由于海水含盐量大，凝结度低，一般在 –1℃ ~ 3℃ 之间。1 月是南极温度最高的月份，连续的日照以及吸收了大量热能的海水，使延续了一个冬季的 2.5 米厚的海冰层十余天工夫就融化得七零八落了。

在海冰融化之前，从昭和站可以直接开车或步行上到南极大陆，但每年 1 月 15 日以后海冰融化，翁古尔群岛与南极大陆冰盖便被海水隔开了。

在离开 Sl6 点前，日本朋友在从未受人为干扰的地方采集了一块 10 千克的南极冰，用提前准备的干净纸箱装好，带回船上后立即放在低温室冰冻起来，这是日本南极考察队员的专利。

1987 年 2 月我去日本访问时，在名古屋日本朋友上田丰先生家中做客，他热情地从冰箱中取出一块冰放到啤酒杯中，只听见冰晶在啤酒中噼啪作响。上田丰先生自豪地告诉我，这就是南极冰！是他上一年从南极带回来的，也许是千年、万年、十万年以前形成的南极冰！这种冰因长期处在封闭、压力作用下，一旦在啤酒中升温受热，冰晶融化，晶格中的原始古老的气泡就会炸裂飘逸而出。我一边听着那悦耳的响声，一边品味着因冰融而致凉的啤酒，顿时有一种穿越时间、步入数万年以前远古时代之感，似乎我的身体也跟着变得古老而神秘起来。

再见了，昭和站

1月20日，我们乘直升机又回到了"白濑号5002"破冰考察船上。我和森永由纪再次下到停船附近的海冰上搜集有关海冰的厚度、温度、含盐量及海冰中生物信息等资料。在南极这样难得的冰川研究"圣地"，只要有机会，我恨不得一人当作几人用，尽量多观察、多收集、多记录。如果没有外出作业就去餐厅，因为那里每天都有各个专业公布的最新观测资料的展示。

在这次日本第29次南极考察队抵达南大洋时，研究海洋洋流的专家向海中施放了具有回收信号等特殊装置的洋流漂浮物。这些漂浮物自西向东随着洋流的流动而漂动，后来分别在一年到一年半内在南美洲南端的水域中被发现。通过模拟计算得知，南大洋的洋流速度大约为20厘米/秒，这一实验对南大洋洋流活动规律、水热交换和海气交换的特征研究都具有十分重要的科学意义。

2月1日，星期一，上午8时30分，我们乘直升机前往昭和站，在那里的湖滨宾馆下榻了两晚。这是我们在南极的最后一站。

下飞机后，我们参加了第28次队和第29次队工作交接仪式。交接仪式中有一个十分重要的活动，就是第28次队越冬队员和第29次队夏季队员一起向葬在昭和站的日本南极考察队员福岛绅告别，因为我们即将乘船返回，仅留越冬队员留守。

福岛绅 1930 年生于日本京都市。1960 年作为日本第 4 次南极科学考察队越冬队员入驻昭和站。10 月 17 日（昭和站正处于极夜）他冒着漫天飞舞的大雪出站房去给狗喂食，狗舍离站房不过几十米远，而且是两人同行，同伴回来后就躺下睡觉了。可是一夜过去了，第二天才发现福岛绅失踪了。越冬队员在漫漫长夜中，踏着厚厚的积雪找了很长时间都没发现他的踪迹。后来，进入昭和站的南极队员几乎踏遍了翁古尔群岛的每个角落，也未曾发现福岛绅，真是活不见人、死不见尸。过了 8 年，也就是 1968 年 2 月 9 日，却在西翁古尔岛的海岸边发现了他的骨骸，于是将其骨骸和部分

作者保存的昭和站南极石

遗物埋葬于此，并立了墓碑，一是为纪念福岛绅对南极科学考察的贡献，同时也警示后来者要有安全意识。

2 月 2 日上午，我们参观了新建的 16 米高的卫星接收天线塔、工作楼、饮水池，这些都是第 29 次队夏季队的功劳。我和老曲还参加过半天劳动，在卫星接收天线塔的水泥柱基上还刻有我们的名字。渡边很自豪，因为这些工作都是在他领导下完成的。

午饭前，第 28 次队越冬队队员和第 29 次队夏季队队员分乘两架直升机在昭和站上空进行了告别前的盘旋飞行。我们鸟瞰全岛，一切景色尽收眼底。

午饭后，我和老曲还沿着东翁古尔岛步行，考察了岛上的地质地貌环境，发现岛上到处是冰后期冰退后的大型磨光面。1 万年前，这里和南极大陆的冰盖还连为一个整体，沧海桑田，如今我们人类终于登上了南极，在这里建

站立足，进行科学考察。我们本想捡几块漂亮的石头留作纪念，但并未发现如意的，最后只好随意捡起几块"貌不惊人"的花岗岩质的石头，虽然模样不尽如人意，不过它们毕竟是南极石。

昭和站的越冬队员居住的那栋房屋叫"冬宫"。我们应邀前往渡边兴亚居住的冬宫去参观，随后还观看了渡边队长从日本出发之后拍摄的录像片。还要举行告别晚宴，考察船上尉级以上官佐全部乘直升机来昭和站参加告别晚宴。在告别晚宴上，我应邀代表两位中国学者和一位美国学者发了言，内容除了感谢还是感谢。

来自日本名古屋大学水圈研究所的第29次越冬队员濑古胜基，一再说以后有机会想参加青藏高原的合作考察研究，我表示欢迎，可是后来他再没有与我联系，而第28次队研究地震灾害的环境学家赤松纯平和第29次队的森永由纪博士就川藏公路的冰川灾害与我进行了长达三年的合作。这是后话。

晚上下榻湖滨宾馆，我怎么也睡不着。要知道这是此行最后一晚睡在南极的土地上！

1988年2月3日，上午有雾，午后飘起了雪花，但雪花落到地上一会儿就融化了。下午1点刚过，编号为83的直升机从船上飞来。这是"白濑号5002"破冰船的最后一次舰陆飞行，本田守忠船长亲自乘机迎接第29次夏季队员，并与第29次越冬队员以及渡边队长话别，渡边队长和我紧紧拥抱，互祝平安。当我们登机关门启动飞行的那一刻，一种依依不舍、难分难离的心情油然而生。和日本南极朋友离别，和南极这块冰冷而令人热血沸腾的土地分别，一股难舍的情愫撞击着我的心扉，心头一酸，眼睛变得模糊了……

直升机载着我们徐徐上升，隔着飞机舷窗我们对着欢送的人群尽情地挥手告别，尽管发动机声和螺旋桨声压倒了我们的道别声，然而我们还是不停地呼喊着、祝福着，直到飞机提升到上千米的高度。直升机又一次在昭和站上空盘旋数圈后离去，20分钟后我们回到了"白濑号5002"考察船上。

再见了，东南极！

说来也怪，此刻我的心中默默地生出一个梦想，那就是有朝一日能去西南极，去西南极的南极半岛进行科学考察。

在返回途中，通过船上的临时邮局，我给将在昭和站越冬并组织赴南极内陆远距离科学考察的渡边队长发去一封感谢的电报，次日凌晨 5 点多，我收到渡边队长的回复电报。电报还盖着考察船邮局的邮戳，时间是 1988 年 3 月 18 日。

自 1987 年 11 月 14 日出发到 1988 年 3 月 19 日抵达澳大利亚悉尼港，考察队沿途涉及了 378 个观测点，分别对海底地形、海水温度、含盐浓度、海洋生物、洋流变化（包括施放洋流浮标）、高层大气物理、电离层的变化、臭氧层含量的变化、大气和海洋污染物质的测量、新娘湾海下大比例尺地形图测绘、南磁极的测量等等进行了科学考察。

我们通常所说的北极和南极的极点，是指地球南北两极地理位置的极点，其地理纬度为 90°，而经度在这里则失去了意义，因为它们是经度线在南、北两端的交汇辐合点。如果一个人正好站在南极点上，他所面对的全是北方；如果站在北极点上，他所面对的当然全是南方。

除了两个对立的地极点之外，地球上还有两个对立的地磁极点。

地球的磁极和地理极点并不是一码事，它们的地理位置并不重合。地球的南北两个磁极随时处于变动状态。

任何物体磁场的存在和变化，总是和相应的电场相对存在的，一旦电场发生变化，磁场也会发生变化。地球也不例外。

地球的磁场与太阳及太阳系中各大行星以及地球本身的公转、自转轨道有关，与地球外层空间中的电离层的变化也有关，尤其与太阳光斑、黑子爆发的周期和强度有关。

几乎每年实测的地球南、北磁极位置都不尽相同。

南极破冰船破冰前行

就在我们从南极向澳大利亚行驶的回程中，1988年3月10日凌晨2时9分，我们考察船实测并经过当时的南磁极点：南纬64°59.2′、东经139°21.3′。8天后，一名日本自卫队员给我和老曲各送来一份通过地球南磁极证书，上面有船长本田守忠和第29次队副队长佐藤夏雄的签字、盖章。

由这份证书可知，1988年3月南磁极点距离南极的地理极点位置将近3000千米。

最早确定南磁极位置的人，是澳大利亚地质学家埃奇沃斯·戴维和道格拉斯·莫森。他们在1909年1月16日利用磁力法在南极维多利亚地东部高原确定当时的南磁极的位置为南纬72°25′、东经155°15′；到了1980年，南磁极已徘徊游动到南纬66°、东经139°的位置，距离1909年已经向西北移动了800多千米！看到这里，也许有朋友会问，地球北磁极是不是也与北极点不在同一位置呢？答案是肯定的。1985年测得的北磁极在加拿大北部伊丽莎白女王群岛和帕里群岛之间，地理位置为北纬76°11′、西经102°。

这次考察收获颇丰。除了实地观测记录南极内陆 70 千米至 300 千米距离之内的上千组测点冰面物质平衡资料，50 多个雪层剖面包括冰层密度、温度、湿度、硬度和层位学描述资料，53 个冰雪同位素和地球化学特点分析所需的冰雪样品，新娘湾、昭和站附近海冰钻孔资料，还为中科院北京植物所和贵阳地球化学所采集了部分植物和矿物岩石标本，其中苔藓标本在密封条件下返京后立即送往北京植物所，一块岩石标本据说为寒武纪以前的地质历史时代所形成的。同时还搜集到日本三个站建站以来主要的气象观测资料序列汇编数十集。这些资料为我后来撰写研究论文《南极瑞穗高原 1987—1988 年度表面物质平衡及其变化》（中英文分别发表在《南极研究》杂志 1990 年 2 卷 3 期和 1991 年 2 卷 1 期）提供了坚实的资料依据。这篇论文最大的贡献在于，一改以往学者将该地区冰雪物质平衡变化归结为海拔高度的变化所致的传统理论，通过物质平衡的标准离差和离差系统分析，认为随着距离海边的水平距离变化而发生的气候变化（尤其是热量变化和风吹雪）才是影响南极冰面物质平衡的关键因素，从而表明在南极大部分地区处于极冷天气控制之下，目前所谓气温的上升趋势能在一定时期内产生南极冰盖融化甚而解体导致海平面迅速上升的可能性不大。事实上，近 20 多年来日本南极昭和站所观测到的海面变化资料表明，昭和站附近海面每年平均降低 4.5 毫米。而从南大洋沿东经 150° 到澳大利亚附近，其海面以下 300 米水温的测量表明，近 10 年内海水水温并没有上升的变化趋势，也未能找到南极海水变暖的其他有力证据。

再赴南极

谁能想到，圆我西南极科学考察之梦的机会竟然降临了。2005 年，我应邀参加由中国科学探险协会主席高登义教授任队长的"中国南极村南极科学考察队"对西南极南极半岛的考察。

二月的北京，外出时嘴里还哈着白色的寒气，一阵风吹来，难免打上几个寒战。许多背阴的角落里仍然雪迹斑斑，冰冻未化。在后海，不少人在边缘比较结实的冰面上溜着冰……不过，我却从护城河和后海周边垂柳的枝丫上分明看见了刚刚绽出的点点新绿。看来，冬天的余寒还是挡不住春天到来的脚步！

考察队一行乘坐法航班机从北京起飞，历经 10 余个小时，航程 9000 余千米，于 2005 年 2 月 21 日上午抵达法国首都巴黎戴高乐机场。在那里等待 8 小时后再度起飞，飞越大西洋，沿着南美洲东海岸连续飞行 13 小时，航程大约 11000 多千米，终于抵达阿根廷首都布宜诺斯艾利斯。此时正值南美洲的盛夏，气温高达 30℃以上，即使身着短裤短衫，也时时汗流浃背。

对阿根廷首都印象比较深的是，堪称阿根廷的母亲河——拉普拉塔河。它汇集了玻利维亚、巴西、巴拉圭和乌拉圭的河流，在流经阿根廷即将进入大西洋时，河段竟然神奇地舒展开来，浩浩荡荡，横无际涯。要不是导游提醒，我还以为那就是大西洋呢！导游告诉我们说，这段拉普拉塔河的平均宽度为 200 余千米，最宽处 257 千米。当我们乘飞机去乌斯怀亚时，透过舷窗向下俯视，只见江水不见岸，水天一色，混沌难分。

去西南极或者南极半岛的最佳路径，和我们此次科学考察选择的路线一样，先到南美洲，然后选一个距离南极最近的地方，或者乘飞机，或者乘轮船，穿过德雷克海峡抵达南极半岛，再从南极半岛去西南极各个岛屿、海湾，甚至南极点。这个最近的地方非阿根廷的乌斯怀亚莫属。

乌斯怀亚位于火地岛南面，是阿根廷最南端的城市，也是南美洲最南端的城市，更是地球上最接近南极洲的城市，因此有人称它为真正的天之涯、海之角。此外，乌斯怀亚还是地球上陆生动物和木本植物生长的最南端，在这个纬度以南的陆地，截至目前还没有发现有木本植物存在，哪怕最低级、最矮小的木本植物都难觅踪迹。在乌斯怀亚以南的岛屿上，除了飞鸟，所有可以上岸生活的动物都与海洋有关，比如海豹、企鹅。乌斯怀亚的东侧是大西洋，西侧是太平洋，南面出比格尔水道进入著名的德雷克海峡。事实上，

乌斯怀亚的植被状况

乌斯怀亚冰川地貌U形谷

无论是火地岛还是北面的麦哲伦海峡，还是南面的合恩角，这些地名人们并不陌生，它们被深深地烙上了殖民的印记。

乌斯怀亚夏天凉爽，到处花香四溢；冬季寒冷，几场雪后，周围的山坡上就会变成白茫茫的一片，直到来年的夏初才能冰消雪化。许多人只有夏半年在这里居住，冬季又回到阿根廷大陆。阿根廷政府为了鼓励移民乌斯怀亚，包括乌斯怀亚在内的整个火地岛人可以不纳税。20世纪80年代中期，这里的人口只有1.5万人。当2005年我第一次到乌斯怀亚的时候，这里的居民有七八万人。当2012年我第三次到这里时，听说人口已经超过了10万。

站在乌斯怀亚向西北望去，安第斯山脉群峰林立，山上的积雪和一些小型现代冰川隐约可见；那古冰川金字塔角峰、嶙峋的古冰川刃脊、状若圈椅的古冰斗、舒缓宽展的古冰川U形谷，无不向人们诉说着这里在大冰期时曾经是冰天雪地的历史。

在乌斯怀亚湿地公园即火地岛国家公园，我们看到大片南美洲原始森林山毛榉和野樱桃树被大肆砍伐的痕迹。早在两百年前，这里曾经是罪犯流放之地，看押的军队驱使着囚犯一边砍伐森林，一边在森林被毁后的草地上放羊。直到 20 世纪 60 年代初，阿根廷政府决定设立火地岛国家公园，这种滥施刀斧的行为才得以遏制。

在等待远洋轮船的间隙，我们被安排到乌斯怀亚湿地公园参观考察。我们乘车前往，一些叫不出名字的次生林稀稀落落地从我们的视野中缓缓闪过，时时可以看见林中的小河蜿蜒蛇曲，小河两岸的草地上开满鲜艳的野花。大约一个小时后，我们在一条 20 多米宽的河岸边停了下来。大家有的摄像，有的拍照，有的向树林深处散步。我却被河流中的一道树枝水坝吸引住了。只见在河流的狭窄处，一些树干树枝被横堆起来，形成一个弧形水坝，弧心朝向下游，弧顶朝向上游，完全符合构造力学的稳定法则。原来，这就是野生水獭的家园，这些树枝水坝都是水獭们精心设计和建造的"杰作"。

据说，这些水獭的老家原本在北美洲的加拿大，不知何年何月，有好事者从加拿大引进了 25 对水獭，放生在乌斯怀亚湿地公园里。这些小动物似乎更适合在南美洲火地岛生活，目前种群数量已经超过 5 万只！水獭们在乌斯怀亚大大小小的河流上建起了无数座这样的"树枝水坝"，到了积雪消融季节和雨季，河流水岔中的"树枝水坝"致使河道不畅，洪水四溢，湿地被漫灌，不少树木因水淹而死亡。

赴南极考察的邮轮，准时停靠在乌斯怀亚港。2005 年我们搭乘的考察邮轮是"安卓雅小姐号"，是在利比亚注册的，由一家美国公司经营的中型远洋邮轮，公司经理耿扬名，祖籍河南，从小生长在台湾，现为美国国籍。耿先生和他的中国代理陶丽娜告诉我，乌斯怀亚是到西南极的跳板，也是到南极半岛的跳板，从乌斯怀亚到南极半岛北端的南设得兰群岛只有 1000 千

乌斯怀亚水獭的"杰作"

米左右，是到南极洲距离最近的地方。随着地球气温增高，变暖趋势增强，人们都想到南极北极体验一下冰天雪地，作为赴南极跳板的乌斯怀亚，在未来的南极科学探险、科学考察、旅游体验中的热度一定会有增无减，未来的乌斯怀亚一定会变成和南极大陆密不可分的美丽重镇。

"安卓雅小姐号"邮轮是我四次赴南极时乘坐的吨位最小的远洋船。满载排水量为2700吨，长87.4米，宽13.2米，共有57个舱位，可以搭载108名乘员。船虽然比较小，此行却是我经历过的最难忘的一次南极科学考察。

2005年2月23日下午4时，随着汽笛高亢而舒缓的长鸣声，我们乘坐的"安卓雅小姐号"邮轮缓缓地驶离了乌斯怀亚港，进入连接大西洋、太平洋的水道——比格尔水道。但见两岸森林如黛，山体上部依稀可见尚未彻底退出冰冻圈的小型冰川，透过森林，可以观察到许多古冰川遗迹。可以想象，在大冰期乌斯怀亚一带的冰川规模之巨，冰川的冰舌一定远远地深入海湾，比格尔水道也是冰封雪盖，如今的水道曾经也是冰道。

我们在风平浪静的比格尔水道中航行了大约三个多小时，进入了著名的德雷克海峡。

德雷克海峡最早发现于1525年，一位名叫弗朗西斯·荷塞西的西班牙航海家曾经驾船穿过该海峡，并命名为"荷塞西海峡"。可惜，此名并未广泛流传。到了1577年，英国海盗德雷克在被西班牙军舰追捕时，无意间进入该海峡，这一发现为英国人找到了一条从大西洋通向太平洋的新通道，并且得到英国王室的认可，从此，荷塞西海峡就被德雷克海峡所取代。

我是经历过漫长远洋航行的老资格了。我曾参加日本第29次南极地域科学考察，先后在太平洋、印度洋和南大洋航行了70多天，经历了疯狂的南纬45°—55°西风带。

可别小看德雷克海峡，尽管南北距离只有1000千米。当"安卓雅小姐号"远洋邮轮刚刚驶离南美洲最南端的合恩角，进入大西洋和太平洋交汇的德雷克海峡后，就遇到了狂风巨浪的挑战。正值午餐之际，突然有人放弃丰盛的美食，扭头往房间跑去，原来他们晕船了。我侧身向舷窗外望去，只见上午偶尔泛起的白色浪花已经变成了汹涌的滔天白浪，眼前的餐盘好在有防滑的桌布，可是自己的身子却难以自控，一会儿东倒一会儿西歪。船上的菲律宾籍服务员说，海浪的高度至少有5～6米，要是到了南纬57°，风浪将会达到8～10米高。这时又有几名队友匆匆忙忙离席而去。我回头寻找同室的队友刘嘉麒院士，只见碗筷刀叉和几乎原封未动的饭菜留在餐桌上，他不知道什么时候早已离开了。

我和刘嘉麒院士有几十年的交往。他是中国科学院北京地质研究所的火山地质学家。20世纪80年代中期，我在中国科学院兰州冰川冻土研究所任职时，他在中国科学院新疆地理研究所攻读研究生学位。当时作为学术秘书，我负责西昆仑山中日冰川联合考察的组队工作，因为曾有报道称西昆仑

作者与刘嘉麒（左）在南极

山在 1950 年发生过火山喷发事件，刘嘉麒毕业于长春地质学院，有深厚的地质学基础，于是我亲自到新疆地理研究所找到时任所长的王树基先生，请求指派刘嘉麒参加 1987 年的西昆仑山冰川与环境科学考察。后来刘嘉麒曾担任中国科学院北京地质研究所所长和中国第四纪研究会主席，我曾担任所属的应用第四纪专业委员会副主席兼秘书长，我们两人都是中国科学探险协会常务理事。2002 年，我们同赴北极参加中国人首次北极建站科学考察，他负责地质专业组工作，我负责冰川专业组工作。此次参加南极科学考察，刘院士负责火山地质研究，我仍然负责冰川与环境方面的资料收集。从乌斯怀亚上船后，我俩被安排在同一房间，朝夕相处。

我猜老刘一定是晕船了，于是三下两下吃完饭，极力克服船体摇晃产生的不平衡，返回房间，果然听见他正在卫生间哇哇地呕吐。一会儿，老刘摇摇晃晃地出来了，衣服也顾不上脱，顺势就斜躺在自己的床铺上。我赶忙替他脱去鞋子，扶正身子，垫好枕头，让他服了一片晕船药，再找来垃圾桶和卫生袋，以防他再次呕吐⋯⋯

这次考察在来回经过德雷克海峡途中，不少人都难以适应西风带造成的巨大风浪，呕吐不止、水米不沾，有些人甚至吃了晕船药也不管用。

我毕竟经历过更为激烈的西风带狂风巨浪的考验，有些抗风浪的经验，一旦风浪骤起，我就尽量喝水，闭目养神。后来，我又去过两次南极，乘坐的极地远洋邮轮吨位都比"安卓雅小姐号"大得多，但还是有不少同行者晕船，而我却平安无事，连晕船药都不用吃，包括在德雷克海峡的航行。

2011 年和 2012 年，我先后接受北京德迈国际旅行公司执行董事长张含月女士和挪威海达路德邮轮公司中国总代理刘结先生之邀，前往南极半岛考察。这两次南极之行，又四次往来于德雷克海峡。在考察中除了利用一切机会收集科研、科普资料外，就是为同行的"旅友"们讲解有关南极冰川与环境的科普知识。进入南极半岛后，大家最关心的莫过于亲自登上南极大陆，近距离接触南极的每一块石头、每一片冰雪，拍摄到难得一见的鲸鱼和活泼可爱的企鹅、海豹以及可能出现的南极美景。至于南极讲座，出发前我做了充分的准备，虽然我有历次南极、北极以及中国青藏高原等科学考察积累的大量图片，但是我仍然担心大家是否会全神贯注地听下去，因为我的讲座都安排在穿越德雷克海峡的途中。狂风巨浪，即使是万吨巨轮都会让人晕船不止，还要勉强去听讲座，这让主讲人着实信心不足。好在每次讲座时都"高朋满座"，还时不时有互动交流。看来，德雷克海峡的狂风巨浪也难以阻止大家对极地科普知识的渴望！

西南极的欺骗岛

　　离开乌斯怀亚的比格尔水道后，"安卓雅小姐号"远洋邮轮便驶入了德雷克海峡，经过大约 20 个小时的航行，终于看见了从南极大陆漂来的冰山。冰山多的地方，洋面的风浪一定会减小很多，因为冰山不仅会阻挡和减小空中气流的运行，还会减缓海浪前行的速度。当然，有冰山出现的地方，也可能见到海豹、企鹅，因为冰山正是这些极地动物栖息和逃离食物链中

远洋邮轮航行在南极冰海上

170

更高一级动物追逐的避难所。偶尔还会见到远处有水柱喷起的景象，那是鲸鱼在换气呼吸呢。

有人发现在船的前方有两座发育冰川的小山，耿扬名先生告诉我说，那就是雪岛和史密斯岛。耿先生说，过了这两座小岛就是第一个登陆点，南极著名的火山岛——欺骗岛。我们此行的路线是在通过德雷克海峡后直接进入南设得兰群岛与南极半岛之间的布兰斯菲尔德海峡，一直向南，然后在南纬63°左右穿过雪岛和史密斯岛之间的小海峡，不久就可以看见欺骗岛火山口向我们敞开大门。那里的海面很平

企鹅和海豹在通向大海的水道中

静，不时有海鸟在低空盘旋，给人一种祥和的感觉。

欺骗岛位于西南极的南极半岛北部，是一个由火山喷发形成的半封闭环形岛屿，岛中的海湾实际上就是一个环形火山口。这里有冰川，有温泉，岛上遍布着火山灰、火山弹。由于不知道岛上什么时候会有火山爆发而给考察者、捕猎者们造成突然打击，因此被称为"欺骗岛"。此岛上冰川附近有可以入浴的温泉奇观，即使在大雪飘飘的时候，有一方海域总是雾气氤氲，

亦仙亦幻，因此又被称为"仙幻岛"。凡是到欺骗岛的人，都有机会到一处被说成是温泉但其实是冰冷刺骨的小湖中游泳，凡下温泉游泳者还可获得船方颁发的"南极游泳人"证书。欺骗岛上的火山口如今已被海水漫灌，和南极海连在一起，由于四周火山岩的屏蔽，此处风浪不大。当年的捕鲸者们便以此作为天然避风港，这里又被称为鲸鱼湾。他们将捕杀的鲸鱼、海豹、企鹅运到鲸鱼湾，在岛上的工厂里取肉炼油后装运回国，以此赚取高额利润。

耿扬名先生和我一见如故，在后来考察马尔维纳斯群岛时还买了一个天然水晶杯子送给我。耿先生祖籍河南，出生在台湾，后到美国定居，长期出任"安卓雅小姐号"远洋邮船的船董。

果然，船驶过雪岛和史密斯岛之间的海峡不久，我们就进入一方几乎四面环山的水域。火山学家刘嘉麒院士告诉我们说，此处就是一座淹没在海水下的火山口。人们在形容形势急迫、危机四伏时多会用"好似坐在了火山口一样"。当然，我们乘船经过这里时丝毫没有找到那种"坐"在火山口上的感觉。事实上，这个火山口的形成年代至少已经成千上万年了，再次喷发的机会哪能正好让我们赶上呢？可是，火山学家刘嘉麒先生并不这样想，因为在1969年这里的火山就曾喷发过一次，那时这里还建有英国和智利两个南极科学考察站。有记载说，当时火山突然爆发，密如雨点的火山渣带着滚烫的高温和昏天黑地的火山灰烬铺天盖地而来，站上的工作人员急中生智，找来一切可以抵挡火山灰渣的铁质、铝质、铜质的板材顶在头上，纷纷登船而去，逃离该岛。从此，欺骗岛上的捕鲸基地也废弃了，只剩下一副副鲸鱼骨架，英国和智利的南极科考站也关闭至今，欺骗岛的名声也不胫而走。

我们抵达欺骗岛时已是傍晚，虽然正值南极的极昼，太阳不会完全落下地平线，但还是有一些黄昏的感觉。

大家在水手和极地导游们的指导下，穿上登岛长筒靴和救生衣，按照有关规定，出舱离船前，凭着写有个人英文姓名的挂牌（回来时必须挂回原处）——"验明正身"，将双脚踩在一盆消毒液里消毒后才可以放行，然后顺着悬梯在水手的帮助下，登上可以乘坐八人的机动橡皮冲锋舟，在舵手的驾驶下，开向登岸的"码头"——船上的水手已提前登岸，建起了临时码头，搭好跳板。我们可以在临时"码头"安全上岸。

欺骗岛上仍保留有当年欧美人捕猎鲸鱼和海豹的炼油厂遗迹，以及英国、智利两国南极科考站残破的站房。一群金图企鹅似乎已经习惯了人类的造访，慢腾腾地挪动着带蹼的双脚，偶尔嘎嘎地叫唤几声，仿佛是在呼唤走快了的同伴。

登岸处有个刚刚挖开的水湾，这就是欺骗岛上的"温泉"，我好奇地用手伸进水里试了试，只觉得冰凉冰凉的，这哪里是温泉啊！先到的几位已经跳进水里，没几分钟就急忙出水穿上衣服。我也很想一试，可是此行还有任务在身，等考察任务完成后再说吧。

欺骗岛上遍布着红色、灰色的火山渣和火山灰，走在上面松脆作响，

乘橡皮舟在南极海上巡游

欺骗岛上的捕鲸遗迹——鲸骸骨

金图企鹅正处在孵化期

偶尔还能见到准流线型的火山弹石碛。我的任务是尽快爬到 2000 米开外的一条现代冰川上采集冰川和冰碛物的样品，同时对冰川的层位学进行大致的观测。大气物理学家、队长高登义教授对我的冰川研究很感兴趣，因为冰川的动态和气候变化如影随形，冰川是气候变化的窗口。无论是在国内的天山最高峰托木尔峰登山科学考察，还是在珠穆朗玛峰考察、雅鲁藏布大峡谷徒步穿越考察、南迦巴瓦峰登山科学考察和 2002 年的北极建站考察，我们都密切配合，形影不离。在高教授和几个年轻朋友的帮助下，我很快完成了任务。在返回的路上，我们还参观了火山爆发时被砸坏的炼油遗迹和残破不堪的科考站站房，还有在火山石地上蹒跚散步的金图企鹅们。当然，也忘不了下到"温泉"中，体验一下南极温泉的"温馨"和"惬意"！

2011 年底到 2012 年初，我第二次来到西南极进行科学考察，旧地重游，在北京德迈国际旅行公司老总张含月女士的安排下，在一个非常晴朗的上午，我们再次登临欺骗岛，有过 2005 年那次欺骗岛温泉游泳的经历，刚一下橡皮舟，我就脱去外衣外裤，穿着游泳短裤，毫不犹豫地跳到海里，在冰冷的海水中游了十多米，用时大约十分钟，时年 67 岁。一些年轻人看到我这个 60 多岁的老头子毅然决然地跳进了冰冷的海水之中，也就大着胆子，穿着泳衣勇敢地在南极 0℃ 左右的"温泉"里游了一回。在我准备下水前，鲍晶晶说，她忘记穿泳衣了，可是她又想下水一试，问我该怎么办。我出主意说，那就穿着衬衣衬裤下吧。鲍晶晶听了我的话，果然穿着衬衣衬裤在南极的海水中游了好几分钟，了却了她的心愿。事后，鲍晶晶将自己的名字改为鲍鲸鲸。她说鲸鱼是极地的大型海洋动物，她在南极的海洋里游过泳，和南极的鲸鱼有了共同之处。鲍晶晶问我："张老师，我想将名字改成鲍鲸鲸，您看行不行？"我说："好啊，这下你从原来的一条鱼变成了三条鱼啦！"再说鲍鲸鲸和鲍晶晶谐音，于是就名正言顺地改名为鲍鲸鲸。也许是我冰川和极地科学研究工作者的特殊身份吧，许多朋友遇到疑难问题都愿意找我，听听我的意见。

鲍晶晶是 2011 年国内观众尤其是年轻人最喜欢的电影《失恋 33 天》的作者，是一个年轻靓丽的女孩。在北京阿根廷大使馆签证时，我们同车抵达大使馆，在等候期间，知道她就是正火的鲍晶晶，大家不约而同地向她投去钦佩的目光。

上岸后，凡是下过海游了泳的人都获得了由"银海探索号"企鹅俱乐部发给的一张珍贵证书。当天的天气格外好，在阳光的照射下，空中彤云翻飞，变幻出各种各样的形态；平静的欺骗岛峡湾上霞光万道，"银海探索号"和我们这些远道而来的客人，都沐浴在美丽的霞光之中。

在南极温泉里游泳

2012年底，我又接受挪威海达路德邮轮公司中国总代理刘结先生的邀请，第三次到访南极半岛。这次行程的安排依然少不了欺骗岛。

　　我们此次乘坐的是著名的远洋邮轮"前进号"。早年的"前进号"是一艘著名的极地探险远洋帆船。挪威著名的极地探险家南森曾经驾驶"前进号"帆船，于1893—1896年经过三年时间，历经千辛万苦，成功穿越北冰洋，用自己的亲身经历证明了北冰洋的存在。现在的"前进号"是由欧洲最大的造船厂——意大利芬坎蒂尼（Fincantieri）造船厂于2007年建成下水的万吨级远洋破冰邮轮，正是为了纪念挪威著名的极地探险家南森而命名的。

　　2012年11月26日上午，"前进号"按照预定路线驶向欺骗岛外海，虽然风浪不大，可是天色阴沉。我暗下决心，准备再次在那里下温泉一游。可是当"前进号"驶进火山口水域巡游了一圈后，船上突然广播说因为风浪太大，当天登陆欺骗岛的行程取消。后来分析，当"前进号"进入欺骗岛火

南极半岛美丽的云霞

南极霞光

山口水域后，发现那里的风浪比外海要大，这个反常现象不得不让船方的决策者犹豫再三，最终决定放弃登陆计划。当天除了我们这艘"前进号"外，还有几艘远洋邮轮一直在外海逡巡不前，连火山口水域都没敢靠近，大概他们也得知欺骗岛火山口水域有风浪反常现象吧。

企鹅，南极的"土著居民"

孵蛋的企鹅

刚孵化的企鹅幼雏

准确地讲，面积达 1400 余万平方千米的南极冰盖，尤其是南极冰盖内陆是没有任何野生动植物的活动与生长分布的。在南极内陆，如果没有人类的进入，大概连鸟儿也不会"越雷池半步"，因为那里没有任何它们可以赖以生存的食物。即使有人类的进入，由于《南极条约》规定，不容许任何人在南极地区喂养和投食给南极动物，一些鸟类跟随人类深入到南极冰盖内陆几十千米后，因为得不到些许"美食"施舍，只好调头飞回冰盖周边的海岛和浮冰地区，继续过它们熟悉的自给自足的生活。在南极边缘的基岩岛上有一些稀稀拉拉的

南极许多岛屿是企鹅、海豹的世界

南大洋岛屿上除了企鹅外，还有人工放养繁殖成功的驯鹿

低等植物，比如藻类、苔藓和地衣的生长发育。说到动物，只有在南极海才能见到各种各样的鱼类、虾类和企鹅，还有海豹、鲸鱼等大型哺乳动物，或者在南极海的岛屿上（包括南极边缘的一些半岛和岛屿上）可以见到一些产卵孵化的企鹅和生崽的海豹、海狮。由于北极也有鲸鱼、海豹等大型哺乳动物，所以有人说，只有企鹅才是南极真正的"土著居民"。

如果说第一次南极考察对企鹅、海豹等极地动物只是一个大略了解的话，那么，此后的几次西南极的南极半岛之行，我却有了多次近距离接触这些极地动物的机会。

常常有朋友询问：为什么北极有北极熊却没有企鹅，而南极有企鹅却没有北极熊？

这是一个有趣的问题，也是一个至今没有一个权威答案的问题。科学界有世界八大未解之谜或者十大未解之谜的说法，比如百慕大三角之谜、尼斯湖水怪之谜、巨石阵之谜、麦田怪圈之谜、金字塔之谜、玛雅文化消失之谜、庞贝城毁灭之谜、死亡岛之谜、恐龙灭绝之谜、鲸鱼集体自杀之谜……其实，在我们居住的地球上，岂止这些未解之谜，要认真排列的话，恐怕谜团会越排越多，有的谜团甚至永远都是不解之谜。有关南极有企鹅却没有北极熊、北极有北极熊却没有企鹅的问题，就是一个极难解决的生物科学之谜。

世界上大约有 20 种企鹅，它们以南极冰盖大陆为核心，分布在南半球广阔的地区，北至南美洲、大洋洲和非洲南端的大陆沿岸和岛屿上以及海洋中（以冰山和浮冰为依托）。虽然南极的企鹅种类并不是最多，但是就数量而言，世界上将近 90% 的企鹅都生活在南极地区。据估计，现在南极地区的企鹅总数已达到 1.5 亿只。我第一次赴东南极考察时，日本专门研究南极鸟类的专家在我们经过的区域只观测到 5 种企鹅，它们是帝企鹅、阿德雷企鹅、帽带企鹅、金图企鹅和通心粉企鹅。到了 2012 年，"前进号"上的鸟类专家告诉我，南极至少有 9 种企鹅，除了上述 5 种之外，还有国王企鹅、斑嘴环企鹅、跳岩企鹅等。
企鹅虽是地球上唯一不会
飞的鸟类，但它们却是地
球上最会游泳的鸟类。别
看企鹅们在陆地上有些呆
笨，一旦下到海水中，它
们却能以每小时五六十千
米的速度活动自如。如果
遇到海豹追击，它们还可
以凭借尾翼和脚蹼的后蹬

帝企鹅

金图企鹅

力，跳到两三米高的冰面上逃生。到了岸上，除了通心粉企鹅（又称马卡罗
尼企鹅）采用双脚跳的姿势走动外，其他企鹅都是两脚一前一后踏步而行。
我不是专门研究鸟类的，对企鹅也是带有一种极地情怀的喜爱，在这里只能

帽带企鹅

将考察中获得的有关企鹅知识罗列出来，供朋友们参考。南极的地域和海域那么浩瀚，要想将数以亿计的企鹅完全调查清楚并非易事。再过几年或者几十年，也许还会发现企鹅的新种呢。

除了专门研究鸟类的考察队员，其他专业比如研究冰雪冰川的科学家，如果参加的是国家组织的考察队，比如每年一次的中国南极科学考察队，几乎很少有机会和大批的南极企鹅近距离接触。我第一次参加日本第 29 次南极科学考察，也很少见到南极的动物群落，包括企鹅。那样的南极考察，都是直奔自己的专业目标而去，时间、路线都是事先安排好的，与自己专业无关的地域、无关的研究对象、无关的考察线路，都无缘企及。当我第一次从南极归来，多数朋友不会问及我的研究内容，往往会问一些与企鹅、海豹、鲸鱼有关的问题，还有人会问在南极吃什么、穿什么等。而我收集的资料，除了冰川、冰山，以及其他的工作资料外，几乎没有一张让人感兴趣的比如企鹅、海豹和鲸鱼的照片。后来赴西南极的南极半岛考察，才有机会近距离和这些南极动物们多次接触。

在我三次去西南极考察期间，有幸见到了几乎所有的南极企鹅种类。有一次在西南极的岛屿上竟然还与几百万只南极美丽的帝企鹅一起度过了一个多小时的难忘时光。

那是 2005 年乘坐"安卓雅小姐号"考察南极的时候。此行在欺骗岛、天堂湾、月亮湾、象岛、中国长城站所在的乔治王岛，我们先后与好几种南极企鹅相遇。在欺骗岛、天堂湾和维克岛英国南极 A 基地遇见了金图企鹅，在南乔治亚岛遇见了帽带企鹅和马卡罗尼企鹅。

维克岛上的 A 基地是英国人在第二次世界大战时，为了监测德国军舰和潜艇的活动以及向盟军提供气象预报资料，而于 1944 年 2 月建立的秘密基地。二战结束后改为科学研究和民用，1962 年被废弃。后来由于南极科学探险和高端旅游热的兴起，1996 年 11 月 25 日 A 基地经改建，成为对公

作者在南极 A 基地考察

科考人员正在给企鹅录音

众开放的南极科考博物馆。这里还有一个邮局，主要功能是经营南极的邮寄业。凡是到A基地的游客都可以在这里买到精美的邮票，花大约一美金的邮票就可以将信件寄到中国的任何地方。为了方便集邮，爱好者们在这里可以买到各种各样的南极纪念邮票，可以免费加盖南极邮戳和风景章。

南极象海豹

在2005年3月4日上午9时，"安卓雅小姐号"驶进了南乔治亚岛圣·安德雷斯湾，下锚停靠后，按照惯例，我们穿好防护衣裤和登岛长筒靴，消毒，翻牌，然后乘坐橡皮舟前往千米以外的一个冰川小岛。刚刚靠岸，眼前出现的是几头活像小山丘一样卧在沙滩上的象海豹。乍一看，还以为是古冰川遗留下来的鲸背岩呢。象海豹名不虚传，既有与大象相似的鼻子，又有一般海豹的流线型体态。象海豹是鳍足类动物中的王者，雄性象海豹体长一般都在5米以上，最长可达6米，体重在3吨左右；雌性象海豹体长也在3米左右，体重多在1吨上下，是南极中除了鲸鱼之外体重最大的动物了。也许当天是难得的好天气，象海豹们的心情不错，它们静静地躺着，只是偶尔动动眼皮和鼻翼，似乎懒得搭理我们这些不速之客。象海豹尾鳍比前足发达，后退比前进的速度要快。它们在陆地栖息时，尾鳍一般都会朝着大海方向，一旦发生意外就后退着回到海洋之中。打前站的水手介绍说，无论是拍照还是近距离接触象海豹，千万不要站在它们的尾鳍处，一旦不小心惊吓了它们，它们的第一反应就是准确地定位大海的方向，然后"蠕动"着身子回到自己认为最安全的海洋里去。要是有人被裹挟其中，几吨的重量犹如泰山压顶，那可是非常危险的事情！

正忙着给象海豹拍照呢，队长高登义教授过来拉着我一边走一边指着千米以外的地方——嘎嘎、嘎嘎、嘎嘎，那声音好像千军万马，又好像一个大型交响乐团在总指挥的指挥下发出极富有节奏的声响。虽然那声音如海涛般一浪接着一浪，可是听起来既不繁杂又不狂躁，倒像是难得的天籁之音。

顺着声音向前望去，只见漫山遍野满是密密麻麻的企鹅。走近一看，才发现这种企鹅和此前我们看到的金图企鹅、帽带企鹅、马卡罗尼企鹅有很大的差别，个头明显高出一截，身高在 85 ～ 90 厘米，敦敦实实，体态非常丰满，体重在 15 千克以上，特别是后脑勺、脖颈和喙下都染上了一抹金黄的色泽，脖颈的金黄酷似一条金箔打就的围脖，渐渐地过渡到前胸和腹部的蛋白色，看上去是那么雍容华贵，那么典雅大方，那么威武雄壮。尤其是雄性企鹅，更有着绅士的风度。

原来，我们眼前的这个企鹅大家族正是帝企鹅。

放眼望去，远处山坡上有两条冰川逶迤而下，融化的冰雪水在我们的

一支壮观的企鹅军阵

大约六百万只企鹅聚居在一起

南极企鹅山

右侧形成了一个狭长的小湖泊，湖水清澈见底，倒映着蓝天白云、雪山冰川以及与冰川几乎连成一片的帝企鹅军阵。说是军阵一点不假，别看企鹅们看似密密麻麻，仔细观察，才发现它们彼此间保持着若即若离、恰到好处的空间距离，发出节奏整齐明快的呼唤声，好像一群整装待发的战士，只要有命令发出，就会迈着坚实的步伐，向前向前向前。

看到这铺天盖地的企鹅军阵，我们都小心翼翼，保持着一定距离，一边观察着它们那威武如军士、优雅如绅士的身姿，一边从不同角度将它们摄入镜头。

有人估计，这个岛上每年定期来聚居的企鹅多达六百多万只！

有了此次经历，我终于拍到了许多企鹅的照片，其中有一张帝企鹅军阵的大全景。回国后，我将此张照片放大装框，挂在客厅的墙上。我逢人便

南极冰川上的企鹅群

贼鸥偷袭企鹅

讲，我家里有六百万零四只企鹅：照片上的六百万只，加上一只木雕企鹅，那是我第一次赴南极参加日本第29次南极科学考察时，船上的一位日本木工亲手雕刻送给我的；还有一只天然形成的形象逼真的帝企鹅，那是朋友在大渡河水库截流时从河床中拾来送给我的；另外两只企鹅，是我乘坐"安卓雅小姐号"远洋邮船在南极中国长城站海边拾到的一枚石头，上面的图案竟然是两只活灵活现的企鹅。

南极企鹅虽然目前数量很多，但是同样受《南极条约》的保护。南极企鹅和南极的鲸鱼、海豹一样，曾经受过严重的伤害。截至1996年，每年都有多达近20万只企鹅被捕猎、提炼油脂以换取高额利润。南极企鹅群落是维系南极地区重要的生物链环节，企鹅吃鱼吃虾，同时企鹅又是某些南极海豹（比如豹海豹）和鲸鱼们（比如虎鲸）的最爱，如果不对南极企鹅给予必要的保护，那么受到影响的就不仅仅是这些南极的"土著居民"了，而是整个南极生物圈！

访问中国长城站

FANGWEN ZHONGGUO CHANGCHENG ZHAN

长城站是中国在南极建立的第一个科学考察站。

2005年2月28日，是我一生中最值得纪念的日子之一，因为这一天我终于如愿以偿，访问了中国南极长城站。

当地时间下午3时左右，考察船"安卓雅小姐号"顺利地驶进了距离长城站不远的民防湾，抛锚停靠，一切准备停当后，我们依次乘坐橡皮舟来到向往已久的长城站。

长城站坐落在乔治王岛上的菲尔德斯半岛南端，与首都北京的直线距离为17502千米。乔治王岛是南极半岛北端南设得兰群岛中最大的岛屿。在南极半岛上除了中国长城站，还有智利、阿根廷、俄罗斯、巴西、美国、英国、韩国和乌拉圭等国家共17个科学考察站。

1984年12月27日，以陈德鸿为总指挥、郭琨为队长的中国南极考察队登上南极半岛的乔治王岛，经过对十几个站址的考察筛选后，决定在菲尔德斯半岛的民防湾内建立中国第一个南极永久性科学考察站。随后在"向阳红10号"科学考察船强有力的支持下，由591人组成的浩大队伍，先后登上菲尔德斯半岛，经过一个半月的艰苦奋斗，南极长城站于1985年2月15日建成投入使用，郭琨兼任第一任长城站站长。后经多次整修改建扩大，到2005年已经颇具规模，成为拥有现代化测试手段、仪器配备完善、工作设施先进、生活条件舒适方便的国际一流南极科学研究站。我的大学同学、著名冰川学家秦大河院士曾经在 1987—1988 年度出任长城站越冬队队长，当时，我正在东南极的日本飞鸟站、昭和站和瑞穗站等地进行冰川考察，那时我就想，要是有一天我也能够去长城站进行科学考察该有多好啊！记得 1988 年回国后，我还在国家南极考察委员会办公室的通讯室，和在南极长城站的秦大河通过一次越洋长途电话，当时的通信条件不像现在这样发达，只能利用海事卫星电话通话。

在民防湾内有一个弯月形小海湾，这就是以长城命名的长城湾。长城站的海滨滩涂长约 2000 多米，宽 300 多米，年平均气温为 -2.2℃，年降水量为 550 毫米，年降水天数达到 300 天，以雨夹雪为主要降水形式。这里是乔治王岛划定的企鹅鸟类自然保护区，也是鲸鱼自然保护区和地衣、苔藓、藻类植物和古生物化石保护区。在长城湾对岸隐隐约约可见一些建筑物，那是韩国的世宗王站。长城站背后有一道小山梁，翻过山梁就是智利的马尔什

大雪覆盖的长城站

基地。马尔什基地距离长城站只有 2700 米，两国的科研人员常常互相往来。智利曾经宣布乔治王岛为自己的领土，马尔什基地与智利首都圣地亚哥定期有大力神飞机航班往来。智利也是《南极条约》的成员国，直至目前，凡外国人无论从智利飞往马尔什基地，还是从马尔什基地飞往智利首都圣地亚哥，都不需要护照签证的。我国在创建长城站过程中以及后来中国南极队赴长城站考察中，智利都给予了不少的帮助。时至今日，乔治王岛上多国考察站的物资补给仍然得力于智利航空公司大力神飞机的运输。一些乘飞机来岛上考察的人员也多由

作者在南极中国长城站

作者与高登义（左）在长城站

智利首都先飞到马尔什基地，然后再前往各研究站开展工作。除了马尔什基地机场，智利还在这里开办了学校、医院、商场等可供长久居住的生活设施。

在长城站，我们受到了当年越冬队队长汤永祥教授的热情接待，彼此像久别的亲人一样握手致意，嘘寒问暖，这让同行的一些外国朋友羡慕不已。汤站长和南极站战友们拿出水果、饮料、点心招待我们以及一起进站参观的客人，并带着大家参观了新建的会议室、科学研究实验室、生活起居室和厨房。在一个小会议室里，汤站长和来访的中国科学家刘嘉麒院士、高登义教授等一起座谈，我也有幸参加，之后大家一起合影。汤站长还取出一面南极

在长城站南极考察队队旗上签名

越冬队的队旗，让我们签名留念。

在南极，长城站的中国菜很受人喜爱，在乔治王岛各个科学研究站更是人尽皆知。据说常常有岛上其他国家驻站科研人员到访长城站，主要目的就是想吃一顿中国菜，饱饱口福。不过，想到汤站长他们还要在这里度过将近一年的时间，我们哪里舍得多吃一口水果和茶点啊！我把从西藏带来的几袋手撕牦牛肉送给了汤教授，那时我还在西藏自治区政府挂职，几袋牦牛肉承载的是雪域高原的浓浓之情啊。

趁着大家购买长城站集邮信封、邮票和加盖长城站邮局邮戳、纪念章的时候，我将自己的集邮封委托给一个年轻人，然后独自出来，爬上一面长长的缓坡，翻过一道有人为改造痕迹的堤坝，一汪波光粼粼的湖泊出现在眼前。这就是长城站历届考察队员利用原始古冰川冰蚀洼地，经过人工加高拓深，修建的一座淡水水源地，不知道是哪个队员给它起了个十分好听的名字——西湖。也许当初起名字的是浙江人甚至是杭州人吧！西湖后山有更高更宽阔的积水区域，冬季的积雪加上平时的雨雪水和地下水补给，可以保证长城站长年稳定的淡水供应。

按照计划和野外作业的严格要求，我在水源地附近收集了水样、土样和岩石样品，并做了详尽的记录。一看手表，来长城站已将近5个小时，预定离开的时间到了。抬头向长城湾码头望去，一些队员已经登上橡皮舟准备返回"安卓雅小姐号"邮轮。我急忙把样品收拾好，装入考察背包，返回长城站办公楼，从那个年轻人手中接过已经替我盖好了邮戳的集邮封，和汤永祥站长以及长城站越冬队队员们一一告别，然后依依不舍地离开中国在南极的第一个科学研究站——长城站。

还想提到的是，在我登上橡皮舟之前，在距离停靠码头仅仅两米的地方，我突然想到要找一块小小的石头留作纪念，恰好目光落在一块长不及5厘米、宽只有2厘米的石碛上，高登义、刘嘉麒等人已经登上了最后一艘橡皮舟，正催我快走呢，我急忙捡起那块比手指稍大的小石头。登上小舟，老高问我："老弟，捡到什么宝贝啦？"我摊开手掌一瞧，只见在方寸之间有两个一前一后隐隐约约的企鹅图案！不过其他人都说不像，包括老高。其实，像与不像就在一念之间，第一印象尤其重要。在我看来，第一眼看着像，那就是它了。

回程时因为我是最后一个登上橡皮舟的，掉头后就在最前面的位置，正好处在风口浪尖。开着开着，菲律宾籍水手突然加大马力，一阵激浪瓢泼似的劈头盖脸朝我抛洒过来，好在穿着防护衣裤，海风一吹衣裤就干了，除了满嘴满脸的海腥味外，倒也不会有什么危险发生。其实，每次登岛，去的时候，橡皮舟驾驶员都开得很平稳，回程时难免开一两次玩笑，反正一上船

长城站的淡水供应地——西湖

作者（右）与长城站越冬队员在一起

就会将防护衣裤换掉。

我的第二次长城站之行是在 2012 年。

2012 年 11 月 23 日，当我们乘坐"前进号"刚刚通过德雷克海峡后，就得到通知说，我们当天登陆南极半岛的第一个地方是中国长城站。

远洋邮轮照例停靠在距离长城湾小码头 5000 米之外的民防湾。《南极条约》对大型邮轮驶进南极科学研究站的距离也有规定，主要是为了防止油污、垃圾等对科学研究站本地原始生态环境的污染。再说，长城站海滨水浅，滩涂的坡度缓，大型船只靠得太近容易触礁，发生事故。通过望远镜向长城站方向望去，只见白茫茫一片，一面五星红旗高高飘扬在晴朗的空中，显得格外耀眼。此次同行的还有著名学者、北京师范大学教授于丹。我们都是挪威海达路德邮轮公司中国总代理刘结先生请来的顾问。我负责科学科普方面的咨询和讲座，于丹负责国学方面的咨询和讲座。于丹是第一次到南极，看得出来，对于访问中国长城站，她显得比我还激动。

下午三点左右，我们依次在邮轮右侧出口——翻牌"验明正身"，穿着统一配发的长筒靴通过消毒液水盆和消毒垫后，才可以登上橡皮冲锋舟。

长城站周边一连下了好几场雪，由于提前已联系过，长城站的朋友们早已在厚厚的积雪中挖开了一条通往站内的通道。沿着一尘不染的积雪通道，我们向站内走去。登陆先遣队在需要特别提醒的雪地上插上了小红旗。顺着其中的一面小红旗望去，大约十多米远的地方，有两头可爱的小海豹似动非动地躺在那里。有人问我，张老师，能不能想办法让海豹动作大一点啊。我问为什么，他说想拍几张有动态的海豹照片。我告诉他这可不行，按照《南极条约》，绝对不可以用任何行为去骚扰南极的一切野生动物，更不可以随意采集南极的任何植物标本，除非为了必要的科学研究需要。正说着呢，有人轻轻地扔过去一小团雪，一头海豹稍微动了动前鳍，我嗔怪地看了一眼那个同伴。这时，长城站汪站长走过来轻声说道："这是两头象海豹，刚刚出生一个多月，我们平时都有意与它们保持一定距离，绝对不去打扰它们。在

作者（右一）和于丹（右三）在南极长城站

长城站附近的海豹

南极，是不能以任何方式和行为打扰动物的，因为这是《南极条约》所不允许的。"

现在技术进步了，人类在南极几乎所有的活动都可以被监控。如果有任何国家和个人违反了《南极条约》的规定，就有可能受到《南极条约》相关机构和官员们的执法警告和查处。

长城站雪景

我们被带到新建的办公楼上，虽然桌上摆着各种各样的水果、茶点，但是和上次来长城站一样，大家只是客气地说声谢谢。于丹是国内几乎家喻户晓的名人，她在中央电视台《百家讲坛》上的讲座"《论语》感悟"受到非常广泛的关注。此次她的来访自然受到长城站队员们的热情欢迎，大家纷纷找她签名、合影，搞得于丹都有些忙不过来。

长城站的客厅

最初的长城站规模小，分别叫一号楼和二号楼，看上去像两排集装箱拼接起来的建筑。现在的长城站距离老站房不远，不仅外观焕然一新，规模、功能等都比老站房更胜一

长城站内景

筹。新长城站的位置比老站房略高一些，看上去比老站雄伟得多。汪站长给我们介绍说，新长城站占地面积 2.52 平方千米，南北长 2 千米，东西宽 1.26 千米，建筑面积达 4.2 平方千米，包括办公楼、宿舍楼、医务文体楼，还有气象楼、通信楼、科学研究楼，以及卫星多普勒测量室、地磁探测室、地震观测室、高空大气物理观测室等共计 25 座建筑物。此外，还有后勤用房，比如车库、冷藏库房、蔬菜存储库房等等。

中国长城站经过多年南极研究和不间断的运行，涉及的内容从当年的一般性学科研究发展到包括天文学、地理学、地质学、海洋学、生物学、冰川和冰川物理学、大气科学、遥感应用，甚至生命科学等领域。其中气象、高层大气物理、电离层研究、地磁地震等已经成为长城站的常规观测项目。

后来，我国又先后在东南极建立了中山站、昆仑站和泰山站，我国在南极科学研究中的地位提升到世界前列。尤其是昆仑站的建立，使我国的南极研究和科学考察实现了从南极半岛和南极边缘向南极内陆推进的历史性大跨越。作为开创中国南极科学研究和科学考察之先河的长城站，将被载入中国科学研究和世界南极研究的史册。

南极，有地无土的地方

NANJI， YOUDI WUTU DE DIFANG

　　每次到访南极，除了进行自己的冰川研究和科普资料的收集之外，我一直琢磨着一个问题：南极和其他大陆的差别究竟在哪里？

　　南极大陆是一个没有人类永久居住的地方；南极大陆几乎是一个完全被冰川积雪覆盖的地方；南极大陆是地球上最寒冷的地方，最低气温达到 –89.2℃；南极大陆（冰盖）是一个几乎没有任何生命，尤其是没有高等植物生存的地方；南极大陆是一个淡水资源最为丰富的大陆，又是一个最为干燥的地方，南极的年平均降雨（雪）量为 10 ～ 50 毫米；南极大陆是一个风向单一的地方，一年四季风向几乎都是从冰盖中心向冰盖边缘吹去，即南极有名的下导风……

　　对南极有所了解的人，对于这些差别都会略知一二。

　　那么，还有什么差别呢？

　　南极是一个冰多地少而且无土的地方！这真是一个让人意想不到的说法，更是以前没有任何文献提及的一个非常有趣的科学问题。这正是南极洲与其他大陆最大的差别，也是我多次到访南极之后发现的一个特别有意思的问题。

　　俗话说，一方土地养一方人。在有人类生活和居住的地方，土地就是基础，就是资源，就是养育人的源泉。有意思的是，在人类发展的历史中，从来没有人将这个词分开过，因为在生我们养我们的地方，有地就有土，几乎不存在土和地彼此分离。其实土和地是两个完全不同的概念。所谓"地"是指地方，是指地球表面的一种大的空间物质概念；所谓"土"是指一种更具体、更有形、更细分的物质形态。说得具体一些，土是一种比沙要细，内含矿物质成分，经过细密风化后搬运、反复堆积起来的混杂物质，如果里面含有一定比例的有机营养元素比如腐殖质等，它就变成了土壤，就可以在一定温度、湿度条件下生长出微生物和植物来。

在北极地区，由于许多地方退出冰冻圈的时间很长，许多陆地和欧洲、亚洲、北美洲相连接，那里不仅有地，而且有丰富的土和土壤，所以北极的陆地上会长出森林，长出绿草，长出苔藓，活跃着许许多多陆地动物。相比之下，只有南极洲是一个有地没土的地方。

南极洲早在"定居"目前的位置时，就变成了冰雪世界，厚厚的冰盖几乎覆盖了所有的南极洲大陆。距今一万年以来，由于地球气候持续变暖，

南极有地无土

尽管南极大陆某些边缘地带岩石毕露,形成了以基岩为主的间或堆积有冰碛、沙砾的裸岩地带。可是这些地带却没有真正意义上的土的堆积,更说不上有土壤的堆积了。一些南极越冬研究人员要在南极基地上试种某些植物或作物,不仅要人为地创造出合适的水热条件,而且还要从千里万里之外运来适合作物生长的土壤才得以实施他们的研究计划。当然,无土栽培技术的发明也可以在无土条件下实施一些作物的培育,只是数量有限。

到目前为止,可以说南极洲还是一个有地无土的地方,这也是南极为什么没有高级植物,尤其是没有木本植物生长的主要原因。

众所周知,地球上有七大洲四大洋。现在也有五大洋之说,即包括南大洋。当然,南大洋的地理界线如何划分还是一个值得研究的问题。一般将位于南纬60°以南的大洋称为南大洋或者南极海。因为在这个纬度带,南极的冰川融水造成的低温水和南半球中低纬度海洋的温热水,在这里交汇形成一个特殊的复合带,加上地球自转的影响,太平洋的洋流向大西洋流动,大西洋的洋流向印度洋流动,并且影响着复合带的洋流一起自西向东流动,年复一年,周而复始,正好在南纬60°形成了相对封闭的南极环流。南大洋的北界即南纬60°正是南极环流所处的位置,从南极环流到南极大陆周边来算,南大洋的面积大约为3800万平方千米。

南大洋中的岛屿和整个南极大陆都被称作南极洲或者南极地区。也许有人会说,应该以南极圈(南纬66°34')为界,极圈以内称为南极,极圈以外应该另当别论。但是显然不行,因为南极大陆许多岛屿和半岛都延伸到了南极圈以外,比如南极半岛就有将近一半的长度出露到南极圈以外了。

众所周知,地球在绕太阳转动的时候有一定的倾斜度,而这个倾斜度总是不停地处在变化中,这个变化的中间线就是赤道。当北半球节令处于夏至时(太阳光可直射到北纬23°26'),太阳光在南半球最远的照射位置只可以达到南纬66°34';反之,当南半球节令处于夏至时(太阳光可以直射到南纬 23°26'），太阳光在北半球最远的照射位置也刚好只能到达北纬 66°34'。于是，科学家就将这两个纬度带界定为地球的南极圈和北极圈，统称为地球的极圈。

当我第一次去东南极日本昭和站进行科学考察的时候，整个南极大陆就是一个不折不扣的冰雪王国：南极洲 95% 以上的地方都被厚厚的冰川覆盖着，在南极周边除了少数冰川退缩后露出的基岩迹地外，在南极海洋中不是浮冰就是冰山，真正的地非常稀有。在我所考察的东南极那片浩瀚的区域，到处是冰天雪地，南极冰盖的冰流一直流向冰盖边缘，冰水相连，哪里有些许地的痕迹？好在日本南极考察船直接将我们送到昭和站，这才看见昭和站所在的地方是一个冰川完全退去后裸露的基岩岛，也就是传统意义上的地。不过这里除了岩石，就是一些沙石、碎岩和古冰川漂砾。如果仔细看，也许会发现一些地衣和苔藓类生物，稍微高等点的植物踪迹全无。

昭和站是个只有地而无土的地方！起初，我还以为这只是个个例，可是当我到达距离昭和站大约 100 千米的宗谷海岸一处基岩岛考察时，发现除了基岩、石块和沙砾外，岛上也是无土无泥。

再后来，即 2005 年、2011 年、2012 年我三次到西南极的南极半岛考察时，见到更多的冰川已经退去、基岩毕露的岛屿，以及沙石遍布的山坡、海滩、平地和海滨，仍然只有地而无土。即使到了欺骗岛，到了月亮湾，到了天堂湾，到了中国南极长城站，这些冰川退去至少几百年、几千年甚至上万年的地方，除了基岩、古冰川漂砾和更细小的沙石，还是没有土的踪迹。

地是资源，是一切资源之母。地方多了，地方大了，资源就丰富，还可以衍生出其他更丰富的资源。就严格的科学概念而言，非洲的撒哈拉沙漠，我国的腾格里沙漠、塔克拉玛干沙漠，只能说是沙漠地，因为那里少土或者没土。土地资源是在地资源的基础上衍生出来的复合型资源。土地资源是由

南极的月亮湾，到处都是基岩、石块

岩石、土壤、植被、地形、地貌、水文、气候以及环境等要素构成的自然综合体。如果一个地方只有地却没有土，这还算是土地吗？土是由地球表面的岩石经过一系列的物理风化和化学风化作用形成的一层疏松物质，即所谓的"成土母质"。成土母质在生物等作用下，变成具有肥力的土壤。地球上有了土或者土壤之后，陆地生物群落才能生存。没有土的地球，那就是一片洪荒之地，和月球、火星没有什么区别。

我曾经主持过"贡嘎山地区冰川退缩迹地植物群落演替"的研究课题，这是一个国家自然基金研究项目。基金课题的研究思路大致为：在目前气候变暖有增无减的趋势下，地球上所有的冰川都会以不同的速度发生消退。在冰川消退时，它们的前端和两侧就会裸露出一些以基岩和冰碛石为主的石碛地，我们称之为冰川退缩迹地。在这些冰川退缩迹地上基本上没有土，更谈

基岩风化形成的沙和石块

不上土壤了。随着时间的推移，这些冰川退缩迹地上终归会长出植物来。基于此，我们开展了相应的研究工作。贡嘎山海螺沟冰川位于北纬29°，是一条长度为14千米左右的山谷冰川，雪线以下的消融区深入原始森林大约6000米，年降水量近2000毫米。冰川消融裸露的地方，首先有地衣、苔藓生长，然后有黄芪、垂头菊、柳叶菜、针茅和高山柳等植物跟进。经过流水冲蚀、寒冻风化及必要的生物风化之后，原先的冰碛地逐渐出现了一些粉沙、泥土甚至腐殖土，尤其是经过黄芪等植物根系固氮、增磷、富钾的一系列生物化学作用后，冰碛物土壤化程度增大，植被演替能力和速度大为提高。该项目的最后结论是，贡嘎山冰川迹地上大约一百年后，将会长满冷杉、云杉等顶级植物群落，当然那时候的冰碛地不仅已经有了土，而且还是森林覆盖下的腐殖质土壤。

但是，南极就没有那么幸运了。

南极是世界上最严寒的地方，南极海将南极洲封闭起来，加上巨大的冰盖，使得南极成为地球的一个冷库。虽然受气候变暖的影响，南极周围出现了不少的冰川退缩迹地，但是仅仅靠寒冻风化、冰雪水的冲蚀等物理风化，最多只是将岩石裂开，使石碛化整为零，把大石头变成小石头，小石头变成沙或者细沙，可是这些细沙来不及变成粉沙和尘土就会被冰雪融水直接冲到海里去了，哪里有机会变成土或者土壤！

更为严酷的是，封闭的南极无法像北极那样，一些植物群落可以通过欧亚美三大洲深入北冰洋的半岛陆地，使大量的植物可以直接生长在北极圈内纬度很高的地方。比如加拿大北部、美国的阿拉斯加，还有挪威的北部，这些深入北极圈内的地方生长着大片的原始森林。一些木本植物甚至可以生长在北纬近80°的地方！而南极的植物生态就远远不能和北极媲美了。究其原因，首先北极是一个以海洋为主的区域，大量的海水使北极不像南极那样寒冷，加上北大西洋暖流源源不断地进入北冰洋，让北极地区的寒冷度降低了许多；而南极是一个有很多冰川积雪和少量基岩裸露的地方，就是没有土，没有可以让大量植物生长的土壤。自从南极从古冈瓦纳大陆分离出来以后，定居在这与外界隔绝的地方，原先的动物、植物或者早已灰飞烟灭，或者已经变为化石，取而代之的是冰天雪地的南极冰盖。南极的最低气温可以达到 –89.2℃，长年累月的下导风将南极内陆的寒冷空气吹向海滨，吹向海滨附近的裸露基岩岛上，即使有种子来到这些地方，也很难生根立足，更何况有南极海的环绕。在人类没有进入南极以前，任何植物尤其是高等植物都是不可能"移民"到南极圈的。没有植物的参与，没有大量植物对岩石的生物

南极边缘裸露的岩石

南极的雪山和冰川

风化过程,那么岩石永远是岩石,沙砾永远是沙砾,即便被风化成细沙、粉沙,没有生物作用,没有腐殖质,南极冰川退缩迹地永远都是洪荒一片,只有少量生存能力特别强的地衣、藻类和苔藓。

图书在版编目（ＣＩＰ）数据

四极探险 . 南极探险 / 张文敬著 .－－ 太原：希望出版社，
2017.12（2019.6 重印）

ISBN 978-7-5379-7922-1

Ⅰ . ①四… Ⅱ . ①张… Ⅲ . ①南极－探险－青少年读物
Ⅳ . ① N8-49

中国版本图书馆 CIP 数据核字 (2017) 第 325660 号

四极探险
南极探险

张文敬　著

责任编辑	谢琛香
复　　审	武志娟
终　　审	杨建云
封面设计	王　蕾
责任印制	刘一新

出　　版：希望出版社	地　　址：山西省太原市建设南路 21 号
开　　本：720mm×1000mm　1/16	印　　刷：山西新华印业有限公司
印　　张：13　260 千字	版　　次：2018 年 4 月第 1 版
标准书号：ISBN 978-7-5379-7922-1	印　　次：2019 年 6 月第 2 次印刷
定　　价：38.00 元	

编辑热线　0351-4922240
发行热线　0351-4123120　4156603

印刷热线　0351-4120948